同济大学本科教材出版基金资助

流体力学和水力学实验

（第二版）

俞永辉　赵红晓　编著

同济大学出版社
TONGJI UNIVERSITY PRESS
·上海·

内 容 提 要

本书是为“流体力学与流体机械”“流体力学”和“水力学”的课程实验编著的教材，分绪论和实验内容两大部分。实验内容中有15项演示性实验项目和10项可操作性实验项目。实验项目中流体介质主要为液体和少量的气体。主要实验内容是流体静力学实验、伯努利方程实验、动量方程实验、流动阻力（沿程和局部）实验、孔口与管嘴实验、明渠堰流实验、达西渗流实验、空气动力学实验、离心式水泵和风机性能曲线实验，以及机翼的性能曲线实验等。

本书适用于高等院校的环境工程、给排水、机械、建筑环境与设备、土木工程、工程力学、飞行器制造等理工科专业的师生，也可作为相关工程技术人员的参考书。

图书在版编目(CIP)数据

流体力学和水力学实验/俞永辉，赵红晓编著. —2版. --上海：同济大学出版社，2017.7(2023.1重印)

ISBN 978-7-5608-7165-3

Ⅰ.①流… Ⅱ.①俞…②赵… Ⅲ.①流体力学—实验—高等学校—教材②水力实验—高等学校—教材 Ⅳ.①O35-33②TV131-33

中国版本图书馆CIP数据核字(2017)第163452号

流体力学和水力学实验(第二版)

俞永辉　赵红晓　**编著**

责任编辑　马继兰　**责任校对**　徐春莲　**封面设计**　陈益平

出版发行　同济大学出版社　www.tongjipress.com.cn

(地址：上海市四平路1239号　邮编：200092　电话：021-65985622)

经　销　全国各地新华书店

印　刷　大丰科星印刷有限责任公司

开　本　787 mm×1 092 mm　1/16

印　张　8.25

字　数　206 000

版　次　2017年7月第2版

印　次　2023年1月第4次印刷

书　号　ISBN 978-7-5608-7165-3

定　价　25.00元

前　　言

本书根据高等学校工科基础课程“流体力学与流体机械”“流体力学”和“水力学”教学大纲中对实验的要求而编写的。全书共分绪论和实验内容两部分，可作为高等学校环境工程、给水与排水、土木工程、建筑环境与设备、交通工程、力学等专业“流体力学与流体机械”“流体力学”和“水力学”课程的实验教材。

本书是“流体力学与流体机械”“流体力学”和“水力学”课程的配套教材，通过实验来揭示和演示流体运动的基本规律，学生在学习“流体力学和水力学实验”课程时，对加深“流体力学与流体机械”“流体力学”和“水力学”课程中基本概念的理解具有很大的帮助。

2012 年，流体力学实验室从实验环境到实验设备都做了很大的改善和升级，本书是在 2003 年 3 月第一版《流体力学和水力学实验》基础上做了较大幅度的修改，所列的实验内容是同济大学各多学时和少学时专业“流体力学与流体机械”“流体力学”和“水力学”课程中所开设的实验内容，共 25 个实验，其中，10 个实验要求学生自己动手进行操作，15 个实验则为演示内容，每个实验基本包含：实验目的、实验基本原理、实验装置、实验步骤及思考题。对于少学时专业可根据不同专业的要求进行选做。书中所介绍的实验用仪器是同济大学力学中心实验室目前所拥有的。

本书中所涉及的名词、术语和符号，原则上以国家标准为依据。鉴于目前国内《流体力学与流体机械》《流体力学》和《水力学》教材中所用符号存在较大差异，为此对其中的名词、术语和符号都进行注解说明。

参加本书编写的人员有俞永辉[第 1 章、第 2 章中的(实验 1—实验 5，实验 7—实验 8，实验 10—实验 12，实验 14—实验 25]，赵红晓(第 2 章中的实验 6，实验 9，实验 13 及书中的部分插图)。

全书由朱立明和柯葵审阅。由于编者水平有限，书中缺陷和错误在所难免，恳请读者批评指正。

编者

2017 年 6 月于同济大学

目　　录

扫码下载 PPT

第1章 绪　　论

一、实验的意义和目的

流体力学和水力学实验是“流体力学和水力学”课程的组成部分之一。流体力学和水力学问题是错综复杂的，它的复杂性在于影响它的因素很多。由于人们对流体运动规律认识的局限性，因此有很多问题，不只是由理论分析所能解决的。在某些场合，实验成为解决问题的主要途径。有不少流体运动规律和公式都是通过实验而总结出来的。在工程中，利用模型实验研究流体运动现象、修改设计方案也是非常普遍的。因此，流体力学和水力学实验，无论对从事理论研究或对解决工程实际问题，都具有极其重要的意义。

流体力学和水力学教学实验课的目的主要有以下几个方面：

(1) 观察流动现象，扩大感性认识，提高理论分析的能力。

(2) 验证流体力学和水力学的原理，测定经验系数值，以巩固所学的理论知识。

(3) 学会使用实验室的基本量测仪器，掌握一定的实验技能。

(4) 培养分析实验数据、整理实验成果及编写实验报告的能力。

(5) 培养严谨踏实的科学作风。

二、实验须知

1. 实验前认真进行预习

预习时应仔细阅读实验指导书及有关的教材资料，明确实验的目的要求和有关的实验原理，了解操作步骤以及相关的仪器设备，做到心中有数，平列出实验需要的表格。

2. 严肃认真地进行实验

进入实验室后必须保持安静，不得谈笑喧哗，不准吸烟，不准乱动与本实验无关的设备。在实验时，应按指导书的要求，全神贯注地按步骤进行实验操作，注意多观察水流现象，多思考分析问题，及时记录实验原始数据。

3. 保持良好的科学作风

实验时应尊重原始数据,不得任意更改实验数据。实验后,应进行必要的检查和补充,经教师同意后,方可离开实验室。完成实验后,应及时整理实验数据,绘制所要求的关系曲线,认真编写实验报告。

4. 遵守规章制度

在进行实验时,必须遵守实验室各项规章制度,严格遵守操作规程,如发生事故或损坏设备,应立即报告教师,查清责任,按学校有关规定处理。

三、实验报告要求

(1) 实验报告一般应包括以下内容:

实验的目的和要求;实验设备简图;水流现象描述及实验原始记录;实验成果的整理计算和按要求绘制关系曲线图;分析讨论回答思考题并提出结论和问题。

(2) 按上述内容要求认真编写实验报告。实验指导书上所写的原理,仪器设备说明及注意事项不必重新抄写。

(3) 实验报告必须自己独立完成,并按时上交。报告书应按书中实验报告要求书写。

(4) 实验报告经教师批改后,应认真阅读及时改正。不合格的需要重写实验报告或重做实验。

四、实验室总体简介

实验室是教学和科研的重要基地。本实验室除了拥有满足教学和科研的整套仪器外,还有一套基本设备,主要是一供水系统,这套供水系统是由水池、水泵、水塔和有关的附属设备构成。

本实验室供水系统采用循环水系,即水由水泵自室外水池中抽取,送至水塔,然后由水塔中的输出管分送到各个仪器以供实验,经过各个实验仪器流出之水,则由室内地下回水沟排入水池,构成水流不断循环的系统。因此,在一般实验过程中,并不损失水量,而仅是电能的消耗。

五、基本要素的量测简介

1. 水位的量测

(1) 可采用水位测针仪,测针杆能上下移动,此方法简洁明了。

(2) 除使用超声波水位仪外，还可以用电测法来测量水位，常用的有电阻式水位仪、电容式水位仪以及数字编码自动跟踪水位仪，等等。

2. 压强的量测

(1) 金属压力表：金属压力表是量测较大的压强。压力表所测压强为相对压强，又称表压。另有一种金属真空表，所测数值为真空度。

(2) 测压管：测压管是用来测量对应点上的压强水头。测压管一般多用玻璃管，管内充满已知容重的液体。

(3) 比压计：比压计是用来测量两个不同点的压强水头差值的。若两点的高程不同，该差值就是两点的测压管水头差值，如将高程减去，即为两点的压强差值。常用比压计有水比压计和水银比压计等。

(4) 压力变送器：压力变送器是利用半导体扩散硅压力传感器及专用放大线路组成，具有精度高、电路调试方便、可靠性高、抗干扰能力强等特点。适用于各种非腐蚀性流体的压力测量和控制，量程范围宽。

3. 流速的量测

(1) 毕托管：毕托管是实验室最常用的测速设备，它由测压管(静压管)和测速管(动压管)两部分组成。测速时，将毕托管置于被测流体的相应点，动压孔对准来流方向，根据 $v=K\sqrt{2g\Delta h}$ 就能通过比压计上的差值 Δh 而计算出该点的流速。K 为毕托管修正系数，可由实验确定。

毕托管不能自动调整方向，量测时需使毕托管的方向与水流方向一致，此时读数最大，否则测得的数值就不正确。毕托管使用前应将其放入静水闸，观察其两个管子内液面是否处于同一水平面，以鉴别毕托管内是否有气泡，如有积气，应设法将其排走。使用时也需注意勿使毕托管露出水面，以免漏进空气。当被测介质为气体时，可直接与微压计连接测读。

毕托管不宜量测过小流速，当流速小于 10 cm/s 时，测量结果误差较大。另外，毕托管量测的流速是时间平均值，仪器本身对流场有一定干扰。

(2) 微型旋桨式流速仪：微型旋桨式流速仪主要用于测量明渠水流等的流速，是目前国内外实验室常用的量测仪器。它是由旋桨传感器、计数器及有关配套仪表组成。使用时，将旋桨传感器固定于被测点，使旋桨正对流动方向，由于流速作用使旋桨转动，流速越大，转动越快。由于流速与旋桨的转速呈线性关系，可根据转速计算出流速。

实验室除上述两种测量仪器外，目前还有较为先进的测试手段，如激光测速仪、热线流速仪和超声波流速仪等。

4. 流量的量测

(1) 体积法：用体积法测流量时，以停表计时间，以量筒或水箱测出相应时间内液体的体积。体积法一般用于量测较小的流量。

(2) 重量法:重量法测流量与体积法基本一致,所得结果为重量流量。

(3) 堰板法:堰板法测流量,简便易行,精度也较高,目前被广泛用于实验研究中。堰板法也可分为三角堰、矩形堰和梯形堰,适用于不同流量范围。

(4) 文丘里管法:文丘里管是有压管道上量测流量的一种仪器,它是由圆锥形收缩段、圆柱形喉管和圆锥形扩散段三部分结合比压计而组成的。由于喉管断面收缩,断面流速加大,动能变大,势能变小,喉管断面的测压管水头和收缩段进口断面的测压管水头就有一差值 Δh,由能量方程和连续性原理,可推导出文丘里管的流量公式:

$$Q=\frac{\pi}{4}\frac{D^2d^2}{\sqrt{D^4-d^4}}\sqrt{2g\Delta h} \tag{1}$$

式中 D——管道直径;

d——喉管直径。

与文丘里管相类似的测流量仪器还有孔板流量计和喷嘴流量计。这两种流量计的工作原理与文丘里管相同。

5. 电磁流量计

LD-F 型电磁流量变送器是根据法拉第电磁感应原理制成的,它与 LDZ-3 型或 LDZ-1A型电磁流量转换器配套组成电磁流量计,用来测量各种导电液体或液固两相介质的体积流量。

LD-F 型电磁流量计工作原理:

LD-F 型电磁流量变送器是根据法拉第电磁感应原理工作的,如图 1 所示。

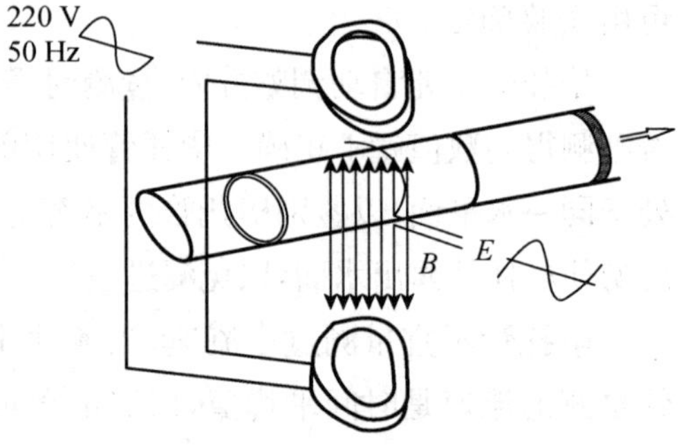

图 1 电磁流量计原理图

当导电液体沿测量管在交变磁场中作与磁力线垂直方向运动时,导电液体切割磁力线而产生感应电势。在与测量管轴线和磁场磁力线相互垂直的管壁上安装了一对检测电极,把这个感应电势检出,若感应电势为 E,则有:

$$E=K_\sigma B\bar{V}D \tag{2}$$

式中 B——磁感应强度($\mathrm{T=Wb/m^2}$);

D——电极间的距离,近似与测量管内径相等(m);

$\bar{V}$——测量管内被测流体在横截面上的平均流速(m/s);

K_σ——与磁场分布及轴向长度有关的系数。

瞬时流量 Q($\mathrm{m^3/h}$)与流速 $\bar{V}$ 的关系为

$$Q = 3\,600\,\bar{V}A = 3\,600\,\frac{E}{BDK_\sigma}\cdot\frac{\pi D^2}{4} = \frac{900\pi D}{BK_\sigma}\cdot E = K\cdot E \tag{3}$$

式中 A——测量管横截面；

K——仪表常数。

6. 超声波流量计(有压流)

超声波流量计根据测量原理的不同，大致可分为以下几类：

(1) 传播速度法(时差法、相位差法和频差法)。

(2) 多普勒法。

(3) 相关法。

(4) 波速偏移法。

但是目前最常用的测量方法主要有两类：时差法和多普勒法。

力学实验中心有用于测量管道流的 TDS-100 超声波流量计(采用时差法，测量纯净单一液体)和 LDZ-1J 多普勒流量计(采用多普勒法，测量混合液体)两种流量计。

1) 时差法工作原理

时差法是通过测量超声波脉冲顺流传播和逆流传播的时间差进行流量测定的方法，其基本原理如图 2 所示。

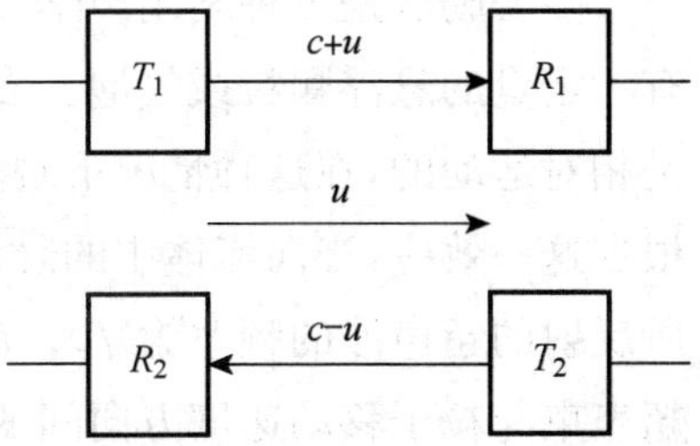

图 2 时差法测速示意图

在被测流体介质中存在两个超声波发声器 T_1 和 T_2，一个是顺流发射超声波，另一个是逆流发射超声波，在超声波发射器与换能器相同距离处，分别装有两个接收换能器 R_1 和 R_2，这两组发射器与换能器组成了两个通道。当被测介质处于静止状态时，两个通道中的超声波速度是相同的，两个接收换能器接收到的声信号没有任何差别。但是当流体流动的时候，情况就发生了变化：在顺流通道 $T_1 \rightarrow R_1$ 中，由于叠加了流体的速度，超声波在声道上的顺流声速 $C_{TR1} = c + u$；同样，在逆流通道上 $T_2 \rightarrow R_2$ 中，逆流声速为

$$C_{TR2} = c - u$$

式中 c—— 声波在静止流体中的声速；

u—— 被测流体的流速。

两个接收换能器接收到的信号之间就产生了与流速有关的差别。假定声道(即发射换能器与接收换能器之间的实际距离) 长度为 L，则超声波的顺、逆流传播时间分别为

$$t_{TR1} = \frac{L}{c+u} \tag{4a}$$

$$t_{TR2} = \frac{L}{c - u} \tag{4b}$$

将式(4a)和式(4b)联立求解，得：

$$u = \frac{L}{2} \cdot \frac{\Delta t}{t_{TR1} \cdot t_{TR2}} \tag{5}$$

由式(5)可以看出当声道长度固定时，流体的流速与声波在顺、逆流声道中传播的时间差 Δt 成正比，而与顺、逆流传播时间的乘积 $t_{TR1} \cdot t_{TR2}$ 成反比。如果我们能够测得声波在顺流、逆流声道中的传播时间，根据式(5)就可以求出当前流体沿声道的平均流速。再根据流速与体积流量之间的关系式(6)，就可以得到体积流量：

$$Q = k\frac{\pi D^2}{4}u \tag{6}$$

式中　Q——体积流量(m^3/s)；

k——流速修正系数；

D——管道内径(m)；

u——沿声道上的流速(m/s)。

2) 多普勒法工作原理

多普勒法是一种利用声学多普勒效应进行流量测量的方法。它要求被测介质当中含有一定量的悬浮颗粒或气泡。多普勒效应指：假定声源、观察者(超声换能器)与介质之间是相对运动的，在这种情况下观察到的超声频率与声源的发射频率有所不同的声学现象。根据这一效应，当向流体中的悬浮粒子发射频率为 f_T 的连续超声波时，假设被悬浮粒子所反射的超声波的频率为 f_R，f_T 与 f_R 将服从多普勒关系。假设粒子的移动速度为 u，超声束与粒子移动速度方向间的夹角为 θ，则 $u\cos\theta$ 可以看作是声源的移动速度，如图 3 所示。这时多普勒关系可以写成下面公式：

$$f_R = \frac{c + u\cos\theta}{c - u\cos\theta} \cdot f_T \tag{7}$$

近似可得：

$$f_R = \left(1 + \frac{2u\cos\theta}{c}\right) f_T \tag{8}$$

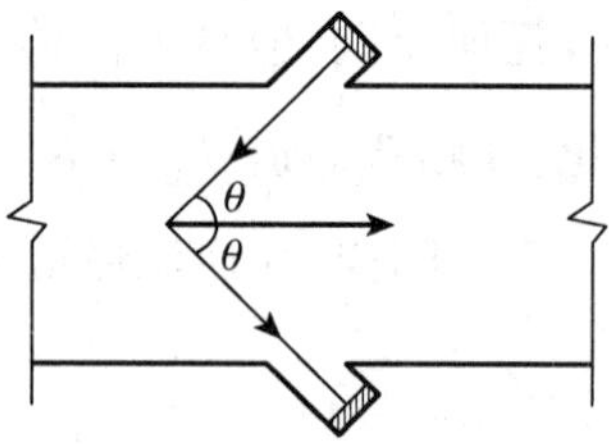

图 3　超声波多普勒效应

所以多普勒频移 $\Delta f = f_R - f_T$ 和流速 u 之间的关系为

$$\Delta f = f_R - f_T = f_T \cdot \frac{2u\cos\theta}{c} \tag{9}$$

即

$$u = \frac{c}{2\cos\theta} \cdot \frac{\Delta f}{f_T} \tag{10}$$

在这里,流速 u 与多普勒频移成正比。

体积流量:

$$Q = k\frac{\pi D^2}{4}u = k\frac{\pi D^2}{4} \cdot \frac{c}{2\cos\theta} \cdot \frac{\Delta f}{f_{\mathrm{T}}} \tag{11}$$

即体积流量也与多普勒频移 Δf 成正比关系。

注: 在上面的推导中,假定被测流体中悬浮粒子的运动速度和流体的流速相同。

第2章 实验内容

实验1 静水压强实验

一、实验目的

(1) 测定静止液体内部各点的静水压强，加深对静压公式 $p = p_0 + \gamma h$ 的理解。

(2) 测定有色液体的重度。通过该实验加深理解位置水头、压力水头及测压管水头的基本概念，观察静水中任意两点测压管的水头 $z + \frac{p}{\gamma} =$ 常数。

二、实验装置

实验装置如图1所示。

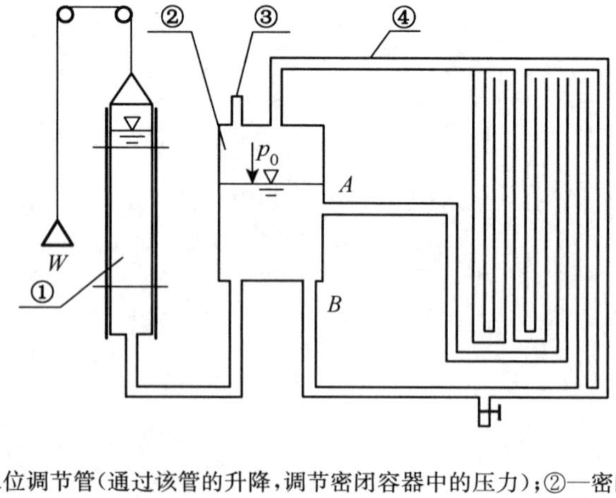

①—水位调节管(通过该管的升降，调节密闭容器中的压力)；②—密闭容器；
③—气阀；④—测压管系统(由密闭容器自左向右顺序编号①—④)

图1 静水压力实验装置图

三、实验基本原理

根据静水力学基本方程式：

$$p = p_0 + \gamma h \tag{1}$$

式中 p—— 静水压强；

p_0—— 表面压强；

γ—— 水的容重，$\gamma_{水} = 9.8(\text{kN/m}^3)$；

h—— 计算点在自由表面以下的垂直深度。

由此可知，在静止液体内部某一点的静水压强等于表面压强加上液体重度乘该点在自由表面下的垂直深度。

四、实验步骤

(1) 读取 A 点、B 点的标高读数 ∇_A，∇_B。

(2) 打开容器上的气阀，此时容器内水面上的压力 $p_0 = p_a$(大气压)。

(3) 关闭气阀，上升水位调节管，使容器内水面升高(此时密闭容器内水的表面压强 $p_0 > p_a$)。读各测压管中的水位标高 $\nabla_i (i = 1, 2, \cdots, 7)$ 记入表中。

(4) 在保持 $p_0 > p_a$ 的条件下，改变容器中水位，重复进行三次。

(5) 打开气阀，使容器内水面上升并达到平衡，然后关闭气阀，下降水位调节管(此时 $p_0 < p_a$)。

(6) 在 $p_0 < p_a$ 的条件下，改变容器中的水位，重复进行三次。

五、实验注意事项

(1) 读取测压管标高时，视线必须和液面同在一个水平面上，避免发生误差。

(2) 读取测压管水位时，应在水位稳定情况下进行(一般在移动水位调节管后 1 分钟左右)。

(3) 如发现测压管中水位不断改变，说明容器或测压管漏气，此时应采取止漏措施。

(4) 移动水位调节管时，应一手持重锤 W，一手拿水位管 ▽，徐徐移动，注意勿使重锤碰碎玻璃管。

(5) 根据各测压管的水面读数，求出各测压管水位差，然后计算出各点压强。

六、实验成果及要求

1. 记录有关常数(表 1)

$\nabla_A=$ ______ $\times 10^{-2}$m；$\nabla_B=$ ______ $\times 10^{-2}$m

表 1 记录表格

实验次数		测压管水位读/($\times 10^{-2}$m)						
		∇_1	∇_2	∇_3	∇_4	∇_5	∇_6	∇_7
$p_0 > p_a$	1							
	2							
	3							
$p_0 < p_a$	1							
	2							
	3							

2. 计算表格(表 2)

表 2 计算表格

计算项目			p_0 /(kN • m^{-2})	p_A /(kN • m^{-2})	p_B /(kN • m^{-2})	有色液体容重 γ /(kN • m^{-3})
			$\gamma(\nabla_2-\nabla_1)$	$\gamma(\nabla_5-\nabla_A)$	$\gamma(\nabla_6-\nabla_B)$	$p_0/(\nabla_4-\nabla_3)$
计算结果	$p_0 > p_a$	1				
		2				
		3				
	$p_0 < p_a$	4				
		5				
		6				

七、思考题

(1) 试从实验记录数据中,证明 $z+\dfrac{p}{\gamma}=$ 常数。

(2) 实验数据中 $\nabla_6-\nabla_7$,$\nabla_5-\nabla_7$,$\nabla_2-\nabla_1$ 这三者是否相等?是否合理?为什么?

(3) 实验中 ∇_1,…,∇_7 水位调节管水面、密闭容器中水面,这 9 个水位之间,哪些应同高?它们间的相互关系如何?说明理由。

实验 2　流谱流线演示实验

一、实验目的

(1) 了解电化学法流动显示方法。

(2) 观察流体在势流状态下的流动轨迹,了解流线和迹线的定义与性质。

二、实验装置

实验装置如图 1 所示。

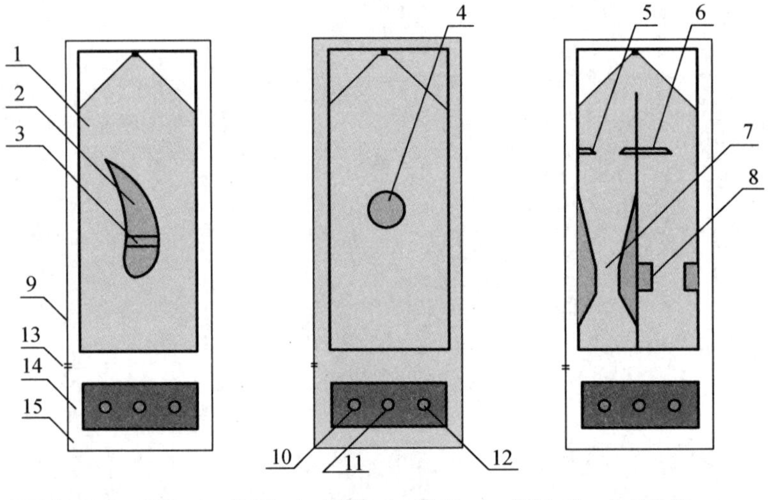

1—显示盘面;2—机翼;3—孔道;4—圆柱;5—孔板;6—闸板;7—文丘里管;8—突扩和突缩;9—侧板;10—泵开关;11—对比度;12—电源开关;13—电极电压测点;14—流速调节阀;15—放空阀(14 与 15 内置于侧板内)

图 1　流谱流线实验装置图

三、实验原理

本装置采用电化学法电极染色显示流线技术,以平板间狭缝式流道为流动显示面。图中显示盘面 1 由两块透明有机玻璃平板粘贴而成,平板之间留有狭缝过流通道。工作液体在微型水泵驱动下,自仪器下部的蓄水箱流出,自下而上流过狭缝流道显示盘面 1,再经顶端的汇流孔流回到蓄水箱中。在显示面底部的起始段流道内设有两排等间距的正、负电极。

工作液体为一种橘黄色显示液，水泵开启，工作液体流动，流经正电极液体被染成黄色，流经负电极液体被染成紫红色，形成红黄相间的流线，工作液体流过显示面后，经水泵混合后，中和消色，可循环使用。

本装置共有三种型号流谱仪，分别用以演示机翼绕流、圆柱绕流和管渠过流。

1. Ⅰ型单流道，演示机翼绕流的流线分布

由图像可见，机翼向天侧(外包线曲率较大)流线较密，由连续方程和能量方程知，流线密，表明流速大，压强低；而在机翼向地侧，流线较疏，压强较高。这表明整个机翼受到一个向上的合力，该力被称为升力。本仪器采用下述构造能显示出升力的方向：在机翼腰部开有沟通两侧的孔道，孔道中有染色电极。在机翼两侧压力差的作用下，必有液体分流经孔道从向地侧流至向天侧，这可通过孔道中染色电极释放的色素显现出来，染色液体流动的方向，即升力方向。

此外，在流道出口端(上端)还可观察到流线汇集到一处，并无交叉，从而验证流线不会重合的特性。

2. Ⅱ型单流道，演示圆柱绕流

因为流速很低(流速为0.5～1.0 cm/s)，能量损失极小，可略。故其流动可视为势流。因此所显示的流谱上下游几乎完全对称。这与圆柱绕流势流理论流谱基本一致；圆柱两侧转捩点趋于重合，零流线(沿圆柱表面的流线)在前驻点分成左右两支，经90°点($u=u_{max}$)，而后在背滞点处两者又合二为一了。这是由于绕流液体是理想液体(势流必备条件之一)，由伯努利方程可知，圆柱绕流在前驻点($u=0$)势能最大，90°点($u=u_{max}$)，势能最小，而到达后滞点($u=0$)，动能又全转化为势能，势能又最大。故其流线又复原到驻点前的形状。

驻滞点的流线为何可分可合，这与流线的性质是否矛盾呢？不矛盾。因为在驻滞点上流速为零，而静止液体中同一点的任意方向都可能是流体的流动方向。

当适当增大流速，*Re* 数增大，流动由势流变成涡流后，流线的对称性就不复存在。此时虽然圆柱上游流谱不变，但下游原合二为一的染色线被分开，尾流出现。由此可知，势流与涡流是性质完全不同的两种流动(涡流流谱参见流动演示仪)。

3. Ⅲ型双流道

演示文丘里管、孔板、渐缩和突然扩大、突然缩小、明渠闸板等流段纵剖面上的流谱。演示是在小 *Re* 数下进行，液体在流经这些管段时，有扩有缩。由于边界本身亦是一条流线，通过在边界上特布设的电极，该流线亦能得以演示。同上，若适当提高流动的雷诺数，经过一定的流动起始时段后，就会在突然扩大拐角处流线脱离边界，形成旋涡，从而显示

实际液体的总体流动图谱。

利用该流线仪,还可说明均匀流、渐变流、急变流的流线特征。如直管段流线平行,为均匀流。文丘里的喉管段,流线的切线大致平行,为渐变流。突缩、突扩处,流线夹角大或曲率大,为急变流。

应强调指出,上述各类仪器,其流道中的流动均为恒定流。因此,所显示的染色线既是流线,又是迹线和色线(脉线)。因为据定义:流线是一瞬时的曲线,线上任一点的切线方向与该点的流速方向相同;迹线是某一质点在某一时段内的运动轨迹线;色线是源于同一点的所有质点在同一瞬间的连线。固定在流场的起始段上的电极,所释放的颜色流过显示面后,会自动消色。放色-消色对流谱的显示均无任何干扰。另外应注意的是,由于所显示的流线太稳定,以致有可能被误认为是人工绘制的。为消除此误会,演示时可将泵关闭一下再重新开启,由流线上各质点流动方向变化即可识别。

四、实验步骤

(1) 仪器下部面板上有左右两个扳把开关,(中间对比度调节钮一般不宜调整)开启顺序是:先开右侧电源开关,再开左侧泵开关。

(2) 关闭顺序是:先关左侧泵开关,然后关闭右侧电源开关,拔掉电源插头。

五、思考题

(1) 在定常状态下,从仪器中看到的染色线是流线还是迹线?

(2) 势流状态下圆柱绕流是否有升力存在?为什么?

实验 3　液体相对平衡实验

一、实验目的

（1）观察等角速度旋转容器中液体的相对平衡规律，测定转速和液面超高，验证二者之间的理论关系。

（2）测定液面曲线，验证理论的自由液面方程。

二、实验装置

实验装置如图 1 所示。

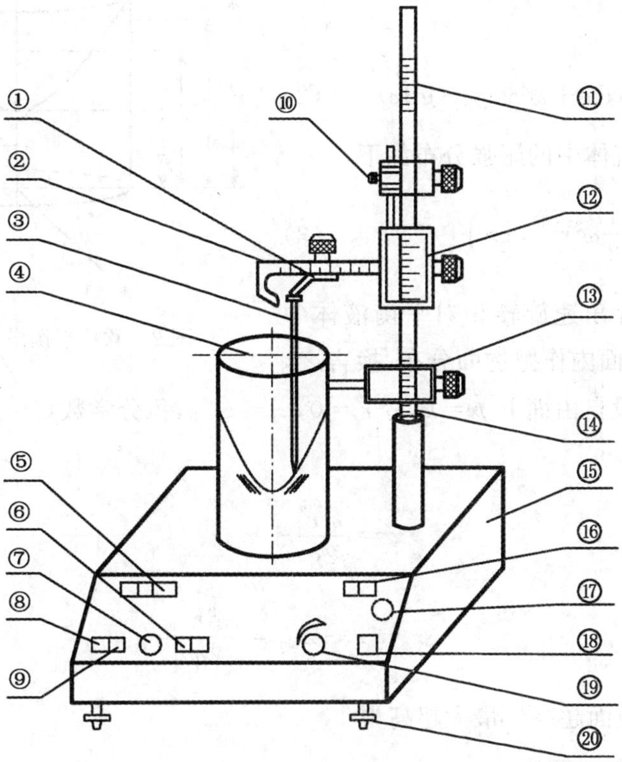

1—游标框架；2—横坐标主尺；3—测针；4—圆形容器；5—转速显示器；6—时速显示器；7—清零按钮；8—自动键；9—手动键；10—启动螺母；11—纵坐标主尺；12—纵向游标框架；13—指针框架；14—指针；15—机座；16—指示灯；17—电源插座；18—电源按钮；19—调速按钮；20—调平螺钉

图 1　液体相对平衡实验装置图

三、实验基本原理

流体平衡时服从欧拉平衡微分方程式：

$$
\begin{aligned}
X &= \frac{1}{\rho}\frac{\partial p}{\partial x} \\
Y &= \frac{1}{\rho}\frac{\partial p}{\partial y} \\
Z &= \frac{1}{\rho}\frac{\partial p}{\partial z}
\end{aligned}
\tag{1}
$$

式中 X, Y, Z——单位质量液体的质量力；

p——液体中的点压强。

如图 2 所示，对等角速度 ω 旋转的流体而言，$X=\omega^2 x$，$Y=\omega^2 y$，$Z=-g$ 代入式(1)，并且按其次序分别乘以 $\mathrm{d}x$，$\mathrm{d}y$ 和 $\mathrm{d}z$ 后相加，可得：

$$\mathrm{d}p=\rho(\omega^2 x\mathrm{d}x+\omega^2 y\mathrm{d}y-g\mathrm{d}z) \tag{2}$$

式(2)积分得流体中的压强分布如下，

$$p=\rho\left(\frac{1}{2}\omega^2 r^2-gz\right)+C \tag{3}$$

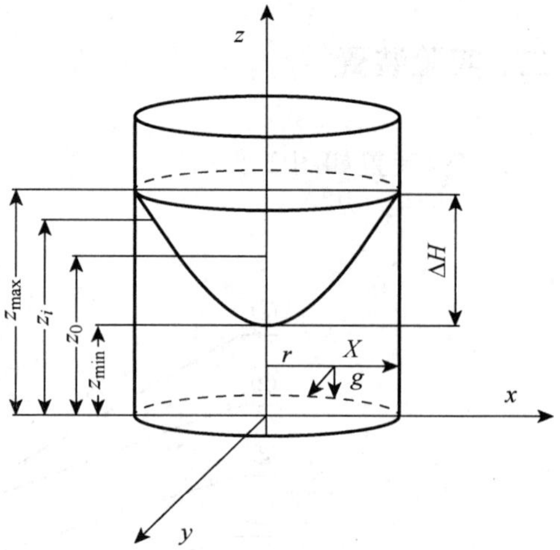

图 2 欧拉平衡微分方程式示意图

式(3) 表明，等角速旋转相对平衡液体中的压强在同一水平面内作抛物面分布。换言之，等压面为抛物面。设自由面上 $p=0$，令 $r=0$，$z=z_{r=0}$，积分常数 $C=gz_{\min}$，可见，自由液面方程为

$$z=\frac{\omega^2 r^2}{2g}+z_{\min} \tag{4}$$

或

$$\Delta z=z-z_{\min}=\frac{\omega^2 r^2}{2g} \tag{5}$$

Δz 称为自由液面超高。最大超高为

$$\Delta H=\frac{\omega^2 R^2}{2g}$$

式中，$\omega=\dfrac{2\pi n}{60}$，$n$ 为容器每分钟转速；R 为容器半径。

根据液体不可压缩条件可以证明：

$$\Delta H = 2 \mid z_0 - z_{\min} \mid = 2 \mid z_{r=R} - z_0 \mid \tag{6}$$

一般可测定 $z_{\min}$ 和 z_0（静止液面水位，一般是 200 mm）计算 ΔH，并按式(7)计算出 n，与实测转速 n' 相比较，可得出相对误差值。

$$n = \frac{60\sqrt{2g}}{2\pi R}\sqrt{\Delta H} \tag{7}$$

四、实验步骤与方法

(1) 调平仪器，接通电源，选择取样时间(一般用秒计)。

(2) 检测容器水量，用测针准确测量水位，测针在纵坐标主尺上读出 z_0。

(3) 揿开电钮，调节至一个较低的转速，待测速器读数稳定后(约 2 min)，测得(即显示器显示)的转速 n' 和用测针在 $r_i=0$ 处接触水面时的读数值 $z_{\min}$。

(4) 逐渐增大转速，并逐次测得 n' 和相应的 $z_{\min}$，测量 5～8 组数据，计算 ΔH 和 n，比较 n 和 n'，用以验证 n 和 ΔH 的关系。

(5) 选取一定转速下的一个典型抛物面，进行水面曲线测定。沿横坐标移动测针，从 $r_i=0$ 到 $r_i=R$，分若干测点，读取每个测点的横坐标 r_i 和相应的纵坐标值 z_i。

(6) 根据式(4)计算理论自由面的纵坐标 z，进行比较，或将理论自由面曲线画入坐标图中，再将测算的点 z_i 绘于图上作比较。

五、实验注意事项

(1) 揿开电钮不宜太重以免损坏仪器。

(2) 转速不能太慢或过快，太慢不易测出，过快筒中液体外溢。

(3) 读数力求精确，注意用电安全。

(4) 实验完成后，切断电源，使仪器恢复原状。

实验4 毕托管测速与修正因数标定实验

一、实验目的和要求

(1) 了解毕托管的构造和适用条件,掌握用毕托管测量点流速的方法。

(2) 测定管嘴淹没出流时点流速,学习率定毕托管流速修正因数的技能。

(3) 分析管嘴淹没射流的流速分布及流速系数的变化规律。

二、实验装置

实验装置如图1所示。

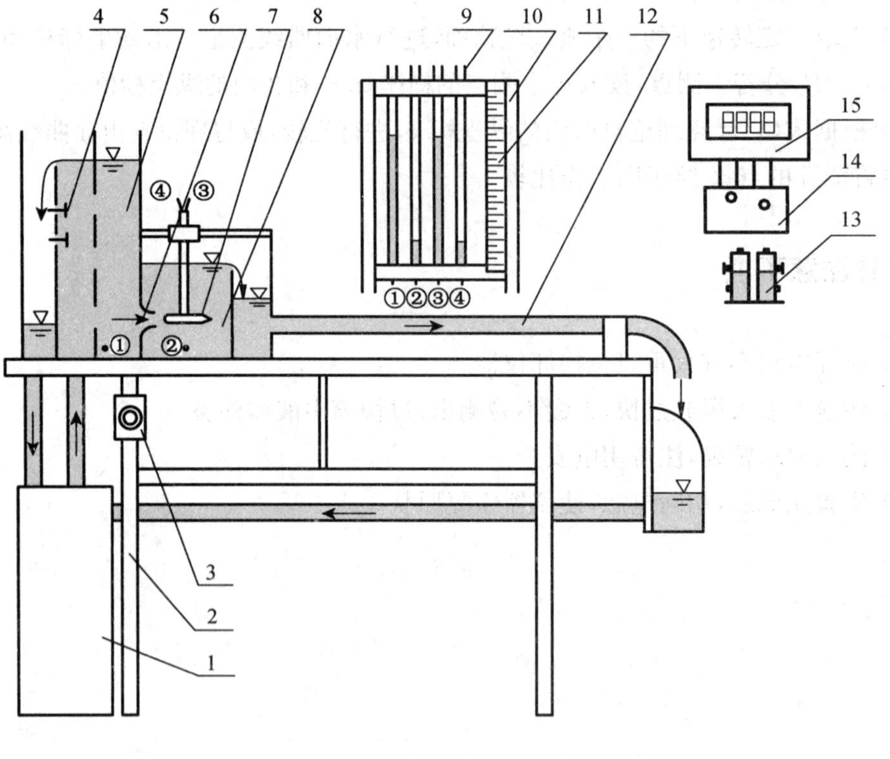

1—自循环供水器;2—实验台;3—水泵电源开关;4—水位调节阀;5—恒压水箱与测压点①;6—管嘴;7—毕托管及其测压点③,④;8—尾水箱与测压点②;9—测压管①—④;10—测压计;11—滑动测量尺;12—上回水管;13—稳压筒;14—传感器;15—智能化数显流速仪

图1 毕托管测速实验装置图

1. 装置图简介说明

(1) 配有智能化毕托管数显流速仪。智能化毕托管数显流速仪系统包括稳压筒、高精密传感器和智能化数显流速仪(含数字面板表及A/D转换器)。该流速仪为流速瞬时测量仪,精度一级。

流速仪的使用方法参见伯努利方程实验,需先排气调零。

(2) 测压管与测点之间可以直接连接也可通过软管连接。本书插图中所涉及的测压点与测压管(或传感器)之间的连通管一般都未绘出,而是将连通的各点用带“圈”的相同编号表示。例如本装置图中表示水箱测压点①、②及毕托管测压点③,④分别用连通管与同编号的测压管①,②,③,④相连。

(3) 恒压水箱5在实验时应始终保持溢流状态,其水箱水位始终保持恒定不变。需调节工作水位时可打开不同的水位调节阀4,以改变不同的溢流恒定水位。溢流量太大水面不易平稳,溢流量大小可由可控硅无级调速器3调节。

(4) 毕托管由导轨及卡板固定,可上下、前后改变位置。水流自高位水箱经管嘴6流向低位水箱,形成淹没射流,用毕托管测量淹没射流点流速值。测压计11的测压管①、②用以测量高、低水箱位置水头,测压管③,④用以测量毕托管的全压水头和静压水头,水位调节阀4用以改变测点的流速大小。

2. 基本操作方法

(1) 安装毕托管。测量管嘴淹没射流核心处的点流速时,将毕托管动压孔口对准管嘴中心,距离管嘴出口处0.02～0.03 m;测量射流过流断面流速分布时,毕托管前端距离管嘴出口处宜为0.03～0.05 m。毕托管与来流方向夹角不得超过10°,拧紧固定螺丝。

(2) 开启水泵。顺时针打开调速器开关3,将流量调节到最大。

(3) 排气。待上、下游溢流后,用吸气球(如洗耳球)放在测压管口部抽吸,排除毕托管及各连通管中的气体,用静水匣罩住毕托管,可检查测压计液面是否齐平,液面不齐平可能是空气没有排尽,必须重新排气。

(4) 调节水位。利用调节阀4可调节高、中、低三个恒定水位,溢流量由调速器控制。

三、实验基本原理

毕托管是法国人毕托(H. Pitot)于1732年发明,结构形状如图2所示。

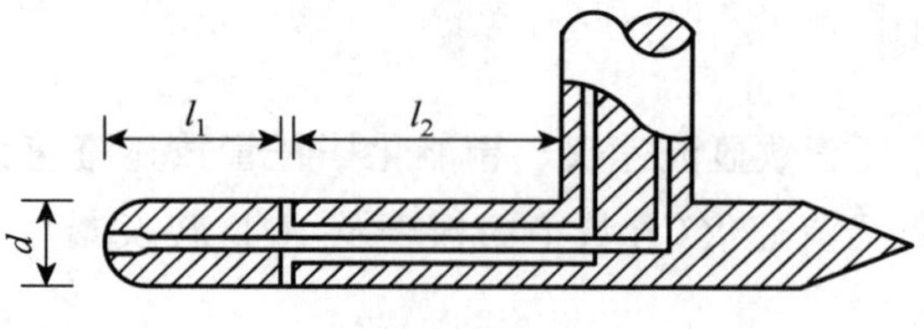

图 2 毕托管结构图

毕托管具有结构简单,使用方便,测量精度高,稳定性好等优点,应用广泛。测量范围水流为 0.2～2 m/s,气流为 1～60 m/s。

毕托管测速原理如图 3 所示,它是一根两端开口的 90°弯针管,下端垂直指向上游,另一端竖直,并与大气相通。沿流线取相近两点 A, B,点 A 在未受毕托管干扰处,流速为 u,点 B 在毕托管管口驻点处,流速为零。流体质点自点 A 流到点 B,其动能转化为位能,使竖管液面升高,超出静压强为 Δh 水柱高度。列沿流线的伯努利方程,忽略 A, B 两点间的能量损失,有

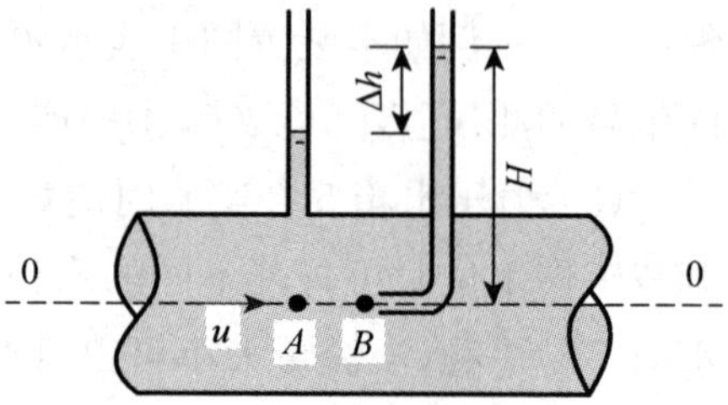

图 3 毕托管原理图

$$0+\frac{p_1}{\rho g}+\frac{u^2}{2g}=0+\frac{p_2}{\rho g}+0 \tag{1}$$

$$\frac{p_2}{\rho g}-\frac{p_1}{\rho g}=\Delta h \tag{2}$$

由此,得

$$u=\sqrt{2g\Delta h} \tag{3}$$

考虑到水头损失及毕托管在生产中的加工误差,由式(3)得出的流速须加以修正。毕托管测速公式为

$$u=c\sqrt{2g\Delta h}=k\sqrt{\Delta h} \tag{a}$$

即

$$k=c\sqrt{2g}$$

式中 u——毕托管测点处的点流速;

c——毕托管的修正因数,简称毕托管因数;

Δh——毕托管全压水头与静压水头之差。

另外,对于管嘴淹没出流,管嘴作用水头、流速因数与流速之间又存在着如下关系:

$$u=\varphi'\sqrt{2g\Delta H} \tag{b}$$

式中 u——测点处的点流速;

φ'——测点处点流速因数；

ΔH——管嘴的作用水头。

联解式(a)、式(b)得

$$\varphi' = c\sqrt{\Delta h/\Delta H} \tag{4}$$

故本实验仪只要测出Δh与ΔH，便可测得点流速因数φ'，与实际流速因数(经验值$\varphi'=0.995$)比较，可得出测量精度。

若需标定毕托管因数c，则有

$$c = \varphi'\sqrt{\Delta H/\Delta h} \tag{5}$$

四、实验步骤与方法

1. 定性分析实验——管嘴淹没射流过流断面流速分布

将毕托管放置在离管嘴口 0.03～0.05 m 处，竖向移动毕托管，改变测点位置，稳定后，分别读取 3、4 测管水头值的差值Δh。可以发现，射流边缘位置比射流中心位置的Δh较小。表明射流中心流速大，边缘流速小。

2. 定量分析实验

(1) 毕托管测点流速实验。已知毕托管因数c，按照基本操作方法，分别在高、中、低的水箱水位下，测量淹没射流中心点的流速。实验数据及结果分析参见第五部分。

(2) 毕托管因数c标定实验。已知本实验装置管嘴淹没射流中心点的点流速因数经验值为 0.995±0.001，要求标定毕托管因数c。

五、实验成果及要求

1. 记录有关信息及实验常数

实验设备名称：________，实验台号：________；

实验者：________________，实验日期：________；

毕托管校正因数c=________，k=________$m^{\frac{1}{2}}/s$。

2. 实验数据记录及计算结果(表 1)

表 1　　毕托管测速实验记录计算表

实验测次	上、下游水位			毕托管测压计			测点流速 $u=k\sqrt{\Delta h}$ /$(m\cdot s^{-1})$	流速仪测值 /$(m\cdot s^{-1})$	测点流速因数 $\varphi'=c\sqrt{\Delta h/\Delta H}$
	h_1/ $(\times10^{-2}m)$	h_2/ $(\times10^{-2}m)$	ΔH/ $(\times10^{-2}m)$	h_3/ $(\times10^{-2}m)$	h_4/ $(\times10^{-2}m)$	Δh/ $(\times10^{-2}m)$			
1									
2									
3									

3. 成果要求

(1) 测定管嘴出流点流速,如表 1 所示。

(2) 测定管嘴出流点流速因数,由表 1 计算取均值可得,$\varphi'=0.994$。

(3) 自行设计标定毕托管因数 c 的实验方案,并通过实验校验 c 值。

六、注意事项

(1) 恒压水箱内水位要求始终保持在溢流状态,确保水头恒定。

(2) 测压管后设有平面镜,测记各测压管水头值时,要求视线与测压管液面及镜子中影像液面齐平,读数精确到 0.5 mm。

七、思考题

(1) 本实验所测得 φ'值说明了什么?

(2) 毕托管测量水流速度的范围为 0.2～2 m/s,轴向安装偏差要求不应大于 10°,试分析其原因。

(3) 对电测毕托管有何新的创新见解?

实验5　能量方程(伯努利方程)实验

一、实验目的和要求

(1) 观察恒定流条件下,通过管道水流的位置势能、压强势能和动能的沿程转化规律,加深理解能量方程的物理意义及几何意义。

(2) 考察均匀流、渐变流与急变流在水流特征及断面压强分布规律方面的差别,明确恒定总流能量方程的运用条件。

(3) 学习使用测压管、总压管测水头的实验技能及绘制水头线的方法。

二、实验装置

伯努利方程实验装置如图1所示。

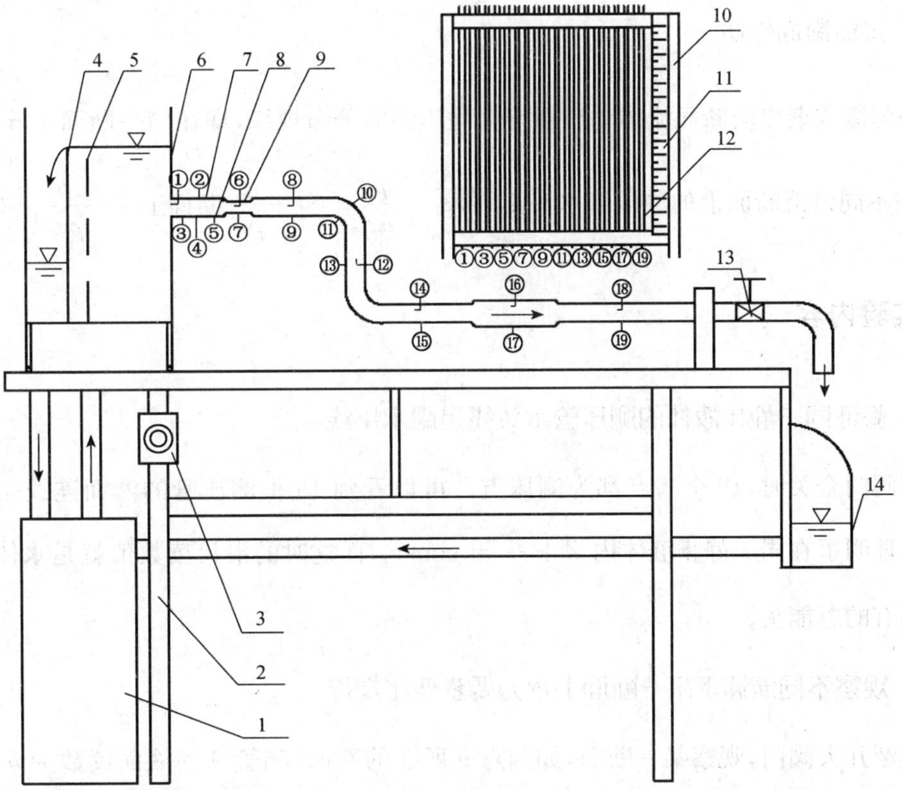

1—自循环供水器；2—实验平台；3—可控硅无级调速器；4—溢流板；5—稳水孔板；6—恒压水箱；7—实验管道；8—测压点；9—弯针毕托管；10—测压计；11—滑动测量尺；12—测压管⑲；13—流量调节阀；14—回水漏斗

备注:本仪器测压管有两种

图1　伯努利方程实验装置图

(1) 毕托管测压管(表 1 中标有 * 的测压管),用以定性测读总水头。

(2) 普通测压管(表 1 中未标 * 者),用以定量测量测压管水头。

三、实验原理

1. 伯努利方程

在实验管路中沿管内水流方向取 n 个过水断面。可以列出进口断面(1)至另一断面(i)的能量方程式($i=2, 3, \cdots, n$)

$$Z_1+\frac{p_1}{\gamma}+\frac{\alpha_1 v_1^2}{2g}=Z_i+\frac{p_i}{\gamma}+\frac{\alpha_i v_i^2}{2g}+h_{w1-i} \tag{1}$$

取 $\alpha_1=\alpha_2=\alpha_3=\cdots=\alpha_n=1$,选好基准面,从已设置的各断面的测压管中读出 $Z=\frac{p}{\gamma}$ 值,测出通过管路的流量,即可计算出断面平均流速 v 及$\frac{\alpha v^2}{2g}$,从而可得到各断面测压管水头和总水头。

2. 过流断面性质

均匀流或渐变流断面流体动压强符合静压强的分布规律,即在同一断面上 $z+\frac{p}{\rho g}=C$,但在不同过流断面上的测压管水头不同,$z_1+\frac{p}{\rho g}\neq z_2+\frac{p}{\rho g}$ 断面上 $z+\frac{p}{\rho g}\neq C$。

四、实验内容

1. 验证同一静止液体的测压管水头线是根水平线

当阀门全关时,19 个测点都为测压点。可以看到 19 根测压管的液面连线是一根水平线。证明了在同一静止液体内 $Z+\frac{p}{\gamma}=\text{const}$。而这时的滑尺读数值就是水体在流动前所具有的总能头。

2. 观察不同流速下某一断面上水力要素变化规律

逐渐开大阀门,观察某一断面,如测点 9 所在的断面。测管 9 的液面读数为 h_9, $h_9=Z_9+\frac{p_9}{\gamma}$,是该断面的测压管水头。测管 8 的读数 h_8, $h_8=Z_8+\frac{p_8}{\gamma}+\frac{v_8^2}{2g}$,是测点的总水头。而 h_8 与 h_9 之差 $\Delta h_{8\text{-}9}$ 即为测点的流速水头,即比动能。实验显示,流速越大,水流流到该断面时的剩余能量越小，势能 h 亦越小，动能 $\Delta h_{8\text{-}9}$ 则越大。这说明水箱中液体的势能有部分转换成了动能和水头损失，流速越大，这种转换关系就越明显。

3. 验证均匀流断面上，静水压强按动水压强规律分布

观察测管 2 和测管 3。尽管两测点的位置高度不同，但测管的液面高度还是相同的，说明能量方程推导中引用 $Z+\dfrac{p}{\gamma}=\text{const}$ 这一条件，已得到验证。

4. 观察沿流程总能坡线的变化规律

加大开启度，使接近最大流量，稳定后各测管水位和各测点的布置如图 2、图 3 所示。

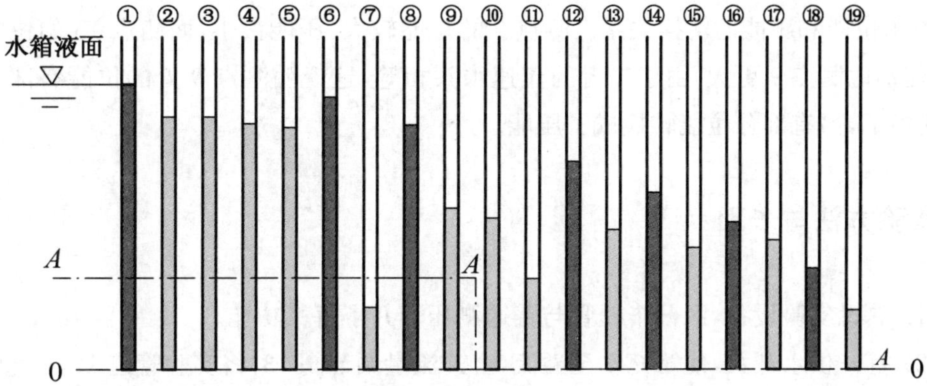

图 2　测压管水位示意图

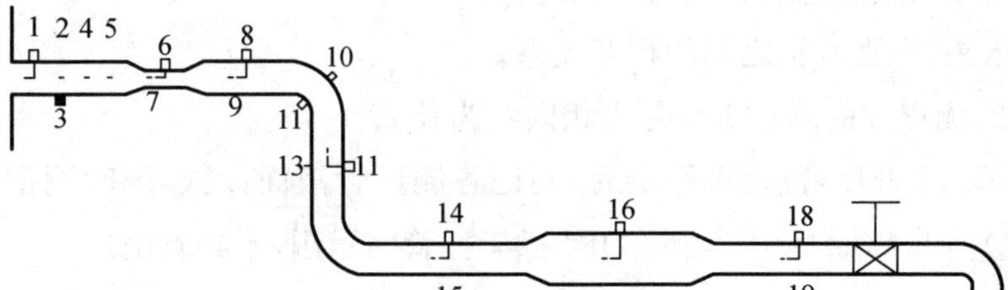

图 3　实验管道系统图

观察图中测点 1，6，8，12，14，16，18 的测压管水位，这 7 根测压管水位，相当于毕托管测压管中的液面高程，可近似替代所在断面的平均总水头值，可用于定性分析，但不

能用于定量计算。可见各测压管的液面高程是逐渐降低而没有升高的,说明总能量沿流程只会减少。

纵观图中测压点 2,4,5,7,9,13,17,19 的测压管水位,显然,这些测压管的液面沿流程有降低的也有升高的,表明测压管水头线沿流程可升也可降。

再看这些测管中每两管间的测管水位差。从 2 点、4 点、5 点,可看出沿程水头损失的变化规律,距离相等,损失也相同,能坡线平行于这三个液面的连线,是一条斜直线,表明水力坡度相等。从测点 5、测点 7 看,从测管 5 到测管 7,测管液位发生了陡降,这里的管径是由大到小的,这正表明水流从测点 5 流到测点 7 时,有部分压力势能转化成了流速动能。而从测管 7 和测管 9 又看到测管水位回升了,这正和前面相反,说明有部分动能又转化成了压力势能。这清楚验证了动能和势能之间是可以互相转化的,因而是可逆的。

同样,测管 15 与测管 17、测管 17 与测管 19 都说明了这个现象。再从测点 9 与测点 15 可看出位能和压能的转换关系。测点 9 的位能较大,压能很小,而测点 15 的位能很小了,压能却比测点 9 更大,由于二者的流速水头相等,这说明测点 9 处的位能有部分沿流程损失掉了,另有部分位能转换成了压能。

五、实验方法与步骤

(1) 熟悉实验设备,区分毕托管与普通测压管并了解其功能。

(2) 打开供水开关,使箱充水至溢流,全开流量调节阀 13,将实验管道 10 中气体完全排尽,再检查流量调节阀关闭后所有测压管水面是否齐平;如不平,检查故障原因并加以排除,直至调平。

(3) 打开阀 13,观察思考:

① 测压管水头线和总水头线的变化趋势;

② 位置水头、压强水头之间的相互关系;

③ 测点 2、测点 3 的测管水头是否相同?为什么?

(4) 调节阀 13 开度,待流量稳定后,测记各测压管液面读数,同时测记实验流量(其中测管①*,⑥*,⑧*,⑫*,⑭*,16*,18* 供毕托管演示用,不必测记)。

(5) 改变流量 2 次(从大到小),重复上述测量。其中一次阀门开度达到使 19 号测管液面接近标尺零点。

六、实验成果及要求

实验台号:________,实验日期:________。

1. 测记有关常数

均匀段 $D_1=$________$\times10^{-2}$ m；

缩管段 $D_2=$________$\times10^{-2}$ m；

扩管段 $D_3=$________$\times10^{-2}$ m；

上管道轴线高程 $\nabla_0=$________$\times10^{-2}$ m。

2. 实验数据记录及计算结果(表 1—表 4)。

表 1 **管径记录表** 单位：$\times10^{-2}$ m

测点编号	1*	2 3	4	5	6* 7	8* 9	10 11	12* 13	14* 15	16* 17	18* 19
管径											
间距	4	4	6	6	4	13.5	6	10	29	16	16

表 2 **测记 $\left(Z+\dfrac{p}{\gamma}\right)$ 数值表(基准面选在标尺的零点上)** 单位：$\times10^{-2}$ m

测点编号		2	3	4	5	7	9	10	11	13	15	17	19	Q/[$\times10^{-6}$ ($m^3\cdot s^{-1}$)]
实验次数	1													
	2													
	3													

表 3 **流速水头 $\dfrac{v^2}{2g}$** 单位：$\times10^{-2}$ m

管径/($\times10^{-2}$ m)	A/($\times10^{-4}$ m^2)	v/[$\times10^{-2}$ ($m\cdot s^{-1}$)]	$\dfrac{v^2}{2g}$/($\times10^{-2}$ m)	A/($\times10^{-4}$ m^2)	v/[$\times10^{-2}$ ($m\cdot s^{-1}$)]	$\dfrac{v^2}{2g}$/($\times10^{-2}$ m)	A/($\times10^{-4}$ m^2)	v/[$\times10^{-2}$ ($m\cdot s^{-1}$)]	$\dfrac{v^2}{2g}$/($\times10^{-2}$ m)

表 4　　总水头 $\left(Z+\frac{p}{\gamma}+\frac{\alpha v^2}{2g}\right)$　　单位：$\times 10^{-2}$m

测点编号		2 3	4	5	7	9	10	11	13	15	17	19	Q/ [$\times 10^{-6}$($m^3 \cdot s^{-1}$)]
实验次数	1												
	2												
	3												

绘制上述成果中最大流量下的总水头线和测压管水头线，可直接绘在如图 4 所示轴向尺寸。

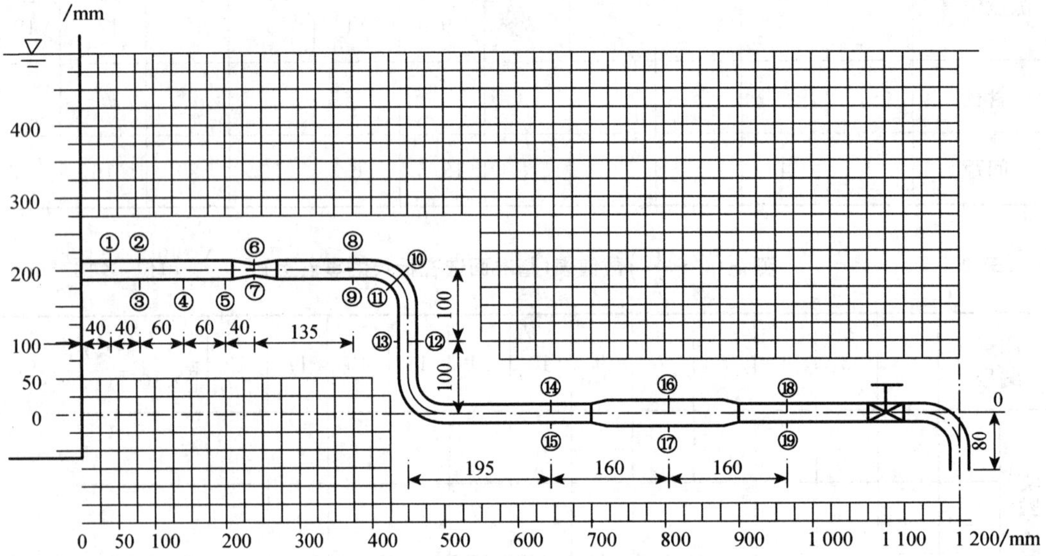

图 4　轴向尺寸绘图示意

七、思考题

(1) 为何急变流断面不能被选作能量方程的计算断面?

(2) 由毕托管测量的总水头线与按实际实测断面平均流速绘制的总水头线一般都有差异，试分析其原因。

(3) 试简要分析测点 7 处产生负压时对管道(流量与振动两方面)的影响。

实验6 文丘里实验

一、实验目的和要求

(1) 了解文丘里流量计的构造、原理和使用条件,率定流量因数 μ。

(2) 掌握文丘里流量计量测管道流量的技术和应用气—水多管压差计量测压差的技术。

二、实验装置

文丘里流量计实验装置如图1所示。

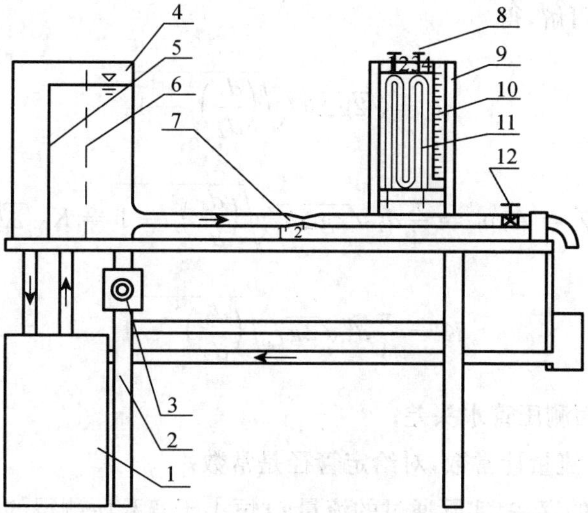

1—自循环供水器;2—实验台;3—可控硅无级调速器;4—恒压水箱;
5—溢流板;6—稳水孔板;7—文丘里实验管段;8—测压计气阀;
9—测压计;10—滑尺;11—多管压差计;12—实验流量调节阀

图1 文丘里流量计实验装置图

三、实验原理

我们知道,如果能求得任一断面的流速 v,然后乘以面积 A,即可求得流量 Q。如图2所示,对于文丘里管前断面及喉管处,处于该两处面积分别为 A_1, A_2,只要测得该两处流速 v,便可测得流量 Q'。为此,我们可根据能量方程式和连续性方程式对该两断面立方程

求解。取管轴线为基准,并且不计阻力作用时

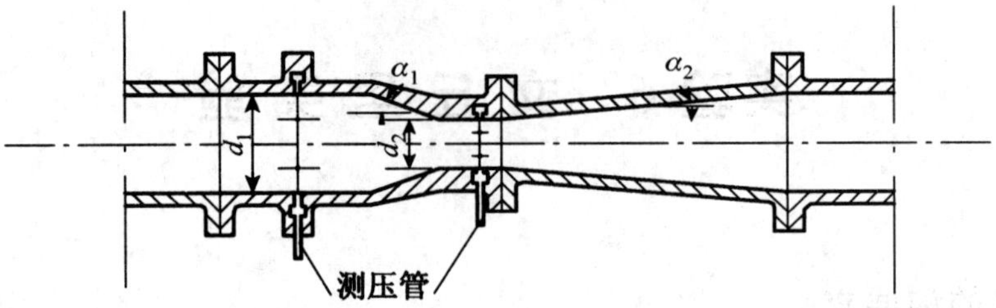

图 2 文丘里管结构图

$$0+\frac{p_1}{\gamma}+\frac{v_1^2}{2g}=0+\frac{p_2}{\gamma}+\frac{v_2^2}{2g} \tag{1}$$

化简,得

$$Q'=A_1v_1=A_2v_2$$

即

$$v_1\frac{\pi d_1^2}{4}=v_2\frac{\pi d_2^2}{4} \tag{2}$$

由式(1)、式(2)可解,得

$$v_1=\sqrt{2g\Delta h}/\sqrt{\left(\frac{d_1}{d_2}\right)^4-1}$$

因此

$$Q'=A_1v_1=\frac{\pi}{4}d_1^2\sqrt{2g\Delta h}/\sqrt{\left(\frac{d_1}{d_2}\right)^4-1}=K\sqrt{\Delta h} \tag{3}$$

$$K=\frac{\pi}{4}d_1^2\sqrt{2g}/\sqrt{\left(\frac{d_1}{d_2}\right)^4-1} \tag{4}$$

式中 Δh——两断面测压管水头差;

K——文丘里流量计常数,对给定管径是常数。

然而,由于阻力的存在,实际通过的流量 Q 恒小于实验所测得的流量 Q'。今引入一个无量纲系数 $\mu=Q/Q'$(μ 称为流量系数),对计算所得流量值进行修正。

即

$$Q=\mu Q'=\mu K\sqrt{\Delta h} \tag{5}$$

另由静水力学基本方程可得气—水多管压差计的 Δh 为

$$\Delta h=h_1-h_2+h_3-h_4 \tag{6}$$

在做本实验时,通过数显流量计测得实际流量 Q 及由水头差 Δh 计算得出的理论流量 Q',据此,我们便可以测得此时文丘里管的流量系数 μ。

$$\mu=Q/K\sqrt{\Delta h} \tag{7}$$

四、实验方法与步骤

(1) 测记各有关常数。

(2) 排气：多管压差计 11 及其连接管的排气：打开电源开关，水箱溢流状态下，开关调节阀 12 数次，在开关交替时，停顿操作片刻，滞留在水体中的空气即通过试验管道排除，排气后检查测管液面读数 $h_1-h_2+h_3-h_4$ 是否为 0，h 的下标即为测压管的序号。

(3) 调节多管压差计：全开调节阀 12 检查各测管液面是否都处在滑尺读数范围内？否则，按下列步序调节：①关调节阀门 12，拧开气阀 8，待各测压管中液位稳定后，将清水注入压差计 9 编号为 2、3 的测管内，待 $h_2=h_3\approx 0.24$ m；②拧紧气阀 8，全开调节阀 12，若 9 中编号为 1、3 的测压管液面上升过高，可微微松开相应的气阀 8，液面将自动降低，可使测压管读数控制在测读范围内，迅速拧紧气阀 8 即可。

(4) 测压管水头差 Δh 测量。

(5) 全开调节阀门，待水流稳定后，读取各测压管的液面读数 h_1，h_2，h_3，h_4；如测管内液面波动时，应取时均值。

$$\Delta h = h_1 - h_2 + h_3 - h_4$$

(6) 流量测量：实验流量用调节阀 12 调节，用称重法测量或读出电子流量计的显示值。

(7) 逐次关小调节阀 12，改变流量 4～6 次，重复步骤 5，6，注意调节阀门时应缓慢。

(8) 把测量值记录在实验表格内，并进行有关计算。

五、数据处理及成果要求

实验设备名称：________；实验台号：________。
实验者：________；　　实验日期：________。

1. 有关常数

$d_1=$________$\times 10^{-2}$m，$d_2=$________$\times 10^{-2}$m，水温 $T=$________℃
水箱液面标尺 $\nabla_0=$________$\times 10^{-2}$m，管轴线高程标尺 $\nabla=$________$\times 10^{-2}$m。

$$\nu = \frac{0.017\,75\times 10^{-4}}{1+0.033\,7T+0.000\,221T^2}\,(\mathrm{m^2/s})$$

2. 记录及计算结果(表1、表2)

表1 实验记录表

次数	测仪管读数				体积 V /($\times 10^{-6}$ m^3)	测量时间 t/s
	h_1 /($\times 10^{-2}$ m)	h_2 /($\times 10^{-2}$ m)	h_3 /($\times 10^{-2}$ m)	h_4 /($\times 10^{-2}$ m)		
1						
2						
3						
4						
5						
6						

表2 计算表 k=________$\times$(10^{-5} m$^{2.5}$/s)

次数	实测流量 Q /[$\times 10^{-6}$(m$^{-3}\cdot$s^{-1})]	$\Delta h = h_1 - h_2 + h_3 - h_4$ /($\times 10^{-2}$ m)	$Q' = K\sqrt{\Delta h}$ /[$\times 10^{-6}$(m$^{-3}\cdot$s^{-1})]	$\mu = \dfrac{Q}{Q'}$	Re
1					
2					
3					
4					
5					
6					

六、实验分析与讨论

文氏管喉颈处容易产生真空，允许最大真空值 6～7 mH_2O。工程中应用文氏管时，应检验其最大真空度是否在允许的范围内。根据实验成果，试用公式来叙述：在文氏管喉颈处断面真空值为 7 mH_2O 时，确定水箱的最大作用水头 H_0 和最大流量。

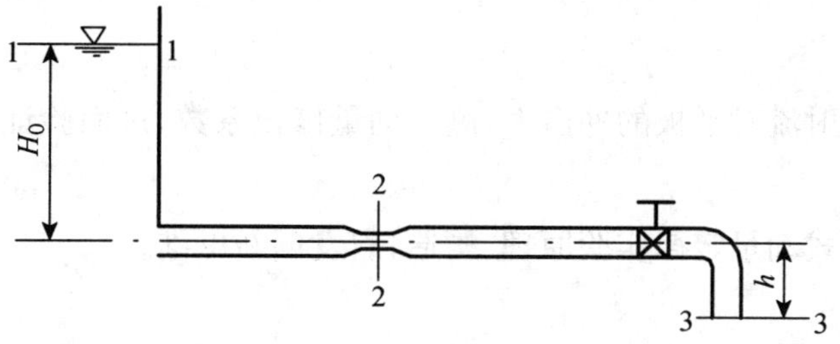

图 3　文氏管水力计算图

实验7　动量方程实验

一、实验目的

(1) 测定水的射流对平板的冲击力,测得动量修正系数,进而验证不可压缩流体恒定总流的动量方程。

(2) 了解活塞式动量定律实验原理、构造,启发创新思维。

二、实验装置

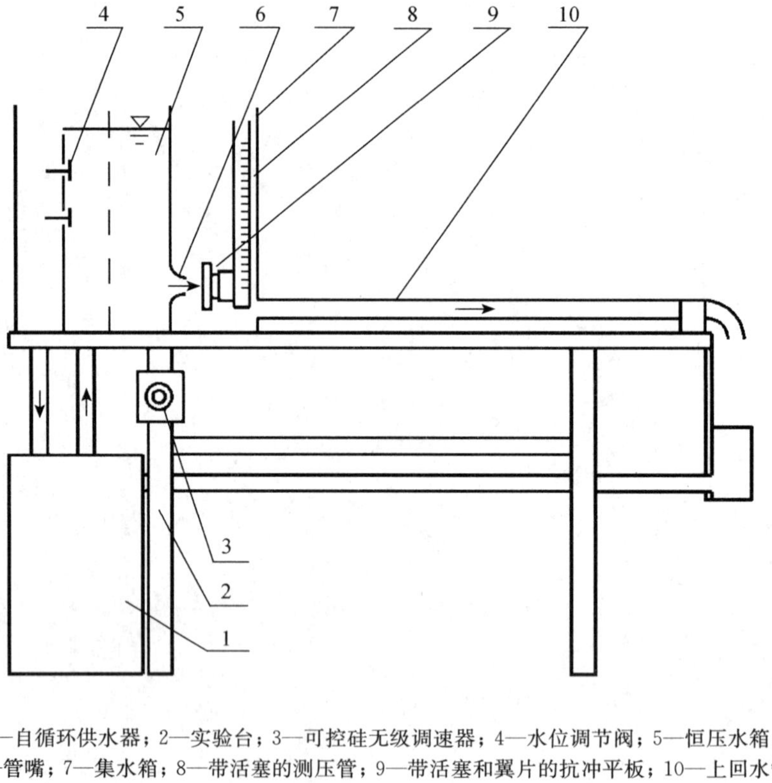

1—自循环供水器;2—实验台;3—可控硅无级调速器;4—水位调节阀;5—恒压水箱;6—管嘴;7—集水箱;8—带活塞的测压管;9—带活塞和翼片的抗冲平板;10—上回水管

图1　动量方程实验装置图

三、实验原理

自循环供水装置 1 由离心式水泵和蓄水箱组合而成。水泵的开启、流量大小的调节均由调速器 3 控制。水流经供水管供给恒压水箱 5，溢流水经回水管流回蓄水箱。流经管嘴 6 的水流形成射流，冲击带活塞和翼片的抗冲平板 9，以与入射角成 90°的方向离开抗冲平板。抗冲平板在射流冲力和测压管 8 中的水压力作用下处于平衡状态。活塞形心处水深 h_c 可由测压管 8 测得，由此可求得射流的冲力，即动量力 F。冲击后的弃水经集水箱 7 汇集后，再经上回水管 10 流出，最后经漏斗和下回水管流回蓄水箱。

本活塞式动量定律实验仪改变了传统加重物的测量方法，而代之以作用于活塞上的水压力来抗衡射流对平板冲击所产生的动量力，将动量力的测量转换为流体内点压强的测量。它还具有能使水压力自动与动量力相平衡以及有效消除活塞滑动摩擦力的特殊结构。

为了自动调节测压管内的水位，使带活塞的平板受力平衡并减小摩擦阻力对活塞的影响，本实验装置应用了自动控制的反馈原理和动摩擦减阻技术，其构造及受力情况如图 2、图 3 所示。

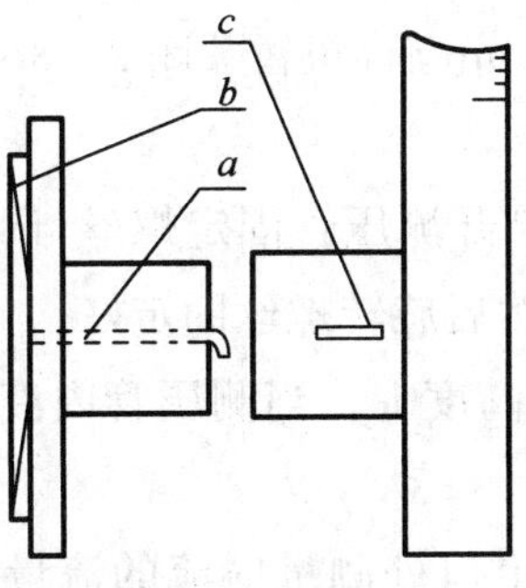

图 2　带活塞套的测压管

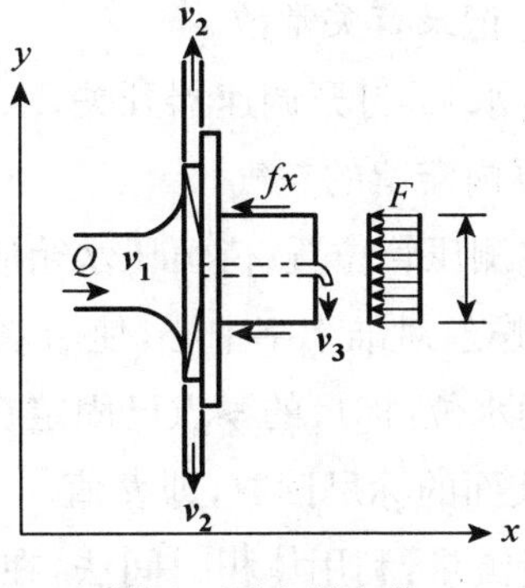

图 3　活塞脱离体

图 1 中，带活塞和翼片的抗冲平板 9 和带活塞套的测压管 8，如图 2 所示，该图是活塞退出活塞套时的分部件示意图。活塞中心设有一细导水管 a，进口端位于平板中心，出口端伸出活塞头部，出口方向与轴向垂直。在平板上设有翼片 b，活塞套上设有窄槽 c。

恒定总流动量方程为

$$\boldsymbol{F} = \rho Q(\beta_2 \boldsymbol{v}_2 - \beta_1 \boldsymbol{v}_1) \tag{1}$$

取脱离体如图 3 所示，因滑动摩擦阻力水平分力 $F_f < 0.5\% F_x$，可忽略不计，故 x 方向的动量方程可化为

$$F_x = -p_c A = -\rho g h_c \frac{\pi}{4} D^2 = \rho Q(0 - \beta_1 v_{1x}) \tag{2}$$

即

$$\beta_1 \rho Q v_{1x} - \frac{\pi}{4} \rho g h_c D^2 = 0 \tag{3}$$

式中 h_c——作用在活塞形心处的水深(10^{-2}m);

D——活塞的直径(10^{-2}m);

Q——射流的流量($10^{-6}m^3/s$);

v_{1x}——射流的速度(10^{-2}m/s);

β_1——动量修正系数。

实验中,在平衡状态下,只要测得流量Q和活塞形心水深h_c,由给定的管嘴直径d和活塞直径D,代入式(2),便可验证动量方程,并率定射流的动量修正系数β_1值。其中,测压管的标尺零点已固定在活塞圆心处,因此液面标尺读数,即为作用在活塞圆心处水深。

四、实验方法与步骤

(1) 准备:检查自循环系统供电电源、供水箱水位,熟悉实验装置各部分名称、结构特征、作用性能,记录有关常数。

(2) 开启水泵:打开调速器开关,水泵启动2～3 min后,短暂关闭2～3 s,利用回水排除离心式水泵内滞留的空气。

(3) 调整测压管位置:待恒压水箱满顶溢流后,松开测压管固定螺丝,调整方位,要求测压管垂直、螺丝对准十字中心,使活塞转动松快。然后旋转螺丝固定好。

(4) 测读水位:标尺的零点已固定在活塞圆心的高度上。当测压管内液面稳定后,记下测压管内液面的标尺读数,即h值。

(5) 测量流量:利用体积时间法,在上回水管的出口处测量射流的流量,测量时间要求15～20 s以上。可用塑料桶等容器,通过活动漏斗接水,再用量筒测量水体积(亦可重量法测量)。

(6) 改变水头重复实验:逐次打开不同高度上的溢水孔盖,改变管嘴的作用水头。调节调速器,使溢流量适中,待水头稳定后,按步骤(3)—步骤(5)重复进行实验。

五、实验成果及要求

记录有关常数:

实验台号:________。

管嘴内径d=________$\times 10^{-2}$m,活塞直径D=________$\times 10^{-2}$m。

表 1　测量记录表及计算表

测次	体积 V /($\times 10^{-6}$ m^3)	时间 T/s	管嘴作用水头 H_0 /($\times 10^{-2}$ m)	活塞作用水头 h_c /($\times 10^{-2}$ m)	流量 Q /[$\times 10^{-6}$ (m^3·s^{-1})]	流速 v/ [$\times 10^{-2}$ (m·s^{-1})]	动量修正系数 β_1
1							
2							
3							
4							
5							
6							

六、思考题

实测平均值 β 与公认值(β=1.02～1.05)是否符合？试分析原因。

实验 8　流态演示实验

一、实验目的

（1）观察流体在紊流状态下绕不同固体边界的流动现象，进一步认识了解流体运动律。

（2）观察流速及边界变化对流体运动状态的影响。

二、实验装置

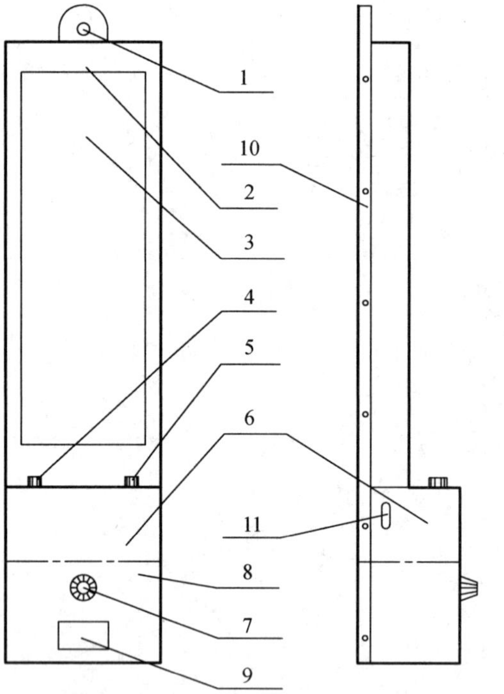

1—挂孔；2—彩色有机玻璃面罩；3—不同边界的流动显示面；4—加水孔孔盖；5—掺气量调节阀；6—蓄水箱；7—可控硅无级调速旋钮；8—电器、水泵室；9—标牌；10—铝合金框架后盖；11—水位观测窗

图 1　结构示意图

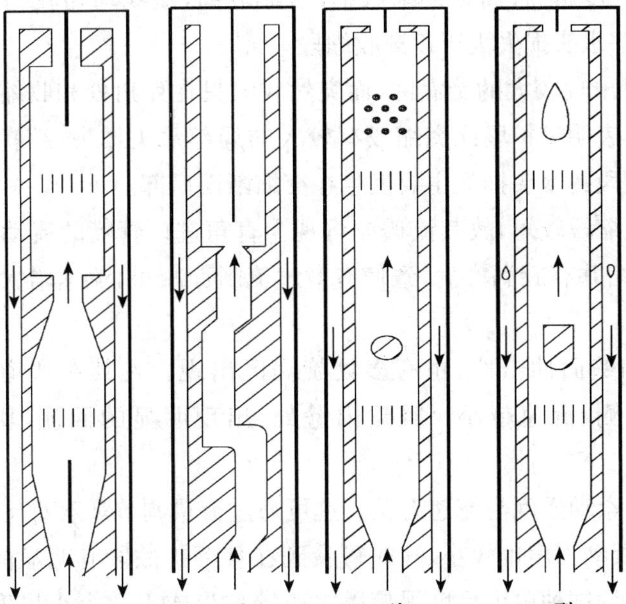

1 型—管道渐扩、渐缩、突扩、突缩、壁面冲击及直角弯道；2 型—30°弯头、直角圆弧弯头、直角弯头、45°弯头及非自由射流流段；3 型—明渠渐扩、单圆柱绕流、多圆柱绕流及直角弯道；4 型—明渠渐扩、桥墩形钝体绕流、流线体绕流、直角弯道和正反流线体绕流。

图 2　显示过流断面示意图

三、实验原理

本设备用气泡做示踪介质，显示图像清晰、稳定。狭缝流道中设有特定边界流场，用以显示内流、外流等不同边界的流动图谱。半封闭状态下的工作液体（水）由水泵驱动自蓄水箱经掺气后流经显示板，形成无数小气泡随水流流动，在日光灯照射和显示板的衬托下，小气泡发出明亮的折射光，清晰地显示出小气泡随水流流动的图像。由于气泡的粒径大小、掺气量的多少可自由调节，故能使小气泡相对水流流动具有足够的跟踪性，可十分鲜明、形象地显示不同边界流场的迹线、边界层分离、尾流、旋涡等多种流动图谱，有很强的直观效果。

四、实验内容

1. 1 型

用以显示逐渐扩散、逐渐收缩、突然扩大、突然收缩、壁面冲击、直角弯道等平面上的流动图像，模拟串联管道纵剖面流谱。

在逐渐扩散段可看到由边界层分离而形成的旋涡，且靠近上游喉颈处，流速越大，涡旋尺度越小,紊动强度越高;而在逐渐收缩段,无分离,流线均匀收缩,亦无旋涡,由此可知,逐渐扩散段局部水头损失大于逐渐收缩段。

在突然扩大段出现较大的旋涡区,而突然收缩只在死角处和收缩断面的进口附近出现较小的旋涡区。表明突扩段比突缩段有较大的局部水头损失(缩扩的直径比大于 0.7 时例外),而且突缩段的水头损失主要发生在突缩断面后部。

由于本仪器突缩段较短,故其流谱亦可视为直角进口管嘴的流动图像。在管嘴进口附近,流线明显收缩并有旋涡产生,致使有效过流断面减小,流速增大。从而在收缩断面出现真空。

在直角弯道和壁面冲击段,也有多处旋涡区出现。尤其在弯道流中,流线弯曲更剧,越靠近弯道内侧,流速越小。且近内壁处,出现明显的回流,所形成的回流范围较大。

旋涡的大小和紊动强度与流速有关。这可通过流量调节观察对比,例如流量减小,渐扩段流速较小,其紊动强度也较小,这时可看到在整个扩散段有明显的单个大尺度涡旋。反之,当流量增大时,这种单个尺度涡旋随之破碎并形成无数个小尺度的涡旋,且流速越高,紊动强度越大,则旋涡越小,可以看到,几乎每一个质点都在其附近激烈地旋转着。又如,在突扩段,也可看到旋涡尺度的变化。据此清楚表明:紊动强度越大,涡旋尺度越小,几乎每一个质点都在其附近激烈地旋转着。由于水质点间的内摩擦越厉害,水头损失就越大。

2. 2型

30°弯头、直角圆弧弯头、直角弯头、45°弯头及非自由射流等流段纵剖面上的流动图像。

由显示可见,在每一转弯的后面,都因边界层分离而产生旋涡。转弯角度不同,旋涡大小、形状各异。在圆弧转弯段,流线较顺畅,该串联管道上,还显示局部水头损失叠加影响的图谱。

在非自由射流段,射流离开喷口后,不断卷吸周围的流体,形成射流的紊动扩散。在此流段上还可看到射流的“附壁效应”现象。

3. 3型

显示明渠逐渐扩散,单圆柱绕流、多圆柱绕流及直角弯道等流段的流动图像。圆柱绕流是该型演示仪的特征流谱。

由显示可见,单圆柱绕流时的边界层分离状况,分离点位置、卡门涡街的产生与发展过程以及多圆柱绕流时的流体混合、扩散、组合旋涡等流谱,现分述如下:

(1) 滞止点观察流经前驻滞点的小气泡,可见流速的变化由 $v_0 \to 0 \to v_{max}$,流动在滞止点上明显停滞(可结合说明能量的转化及毕托管测速原理)。

(2) 边界层分离。结合显示图谱，说明边界层、转捩点概念并观察边界层分离现象，边界层分离后的回流形态以及圆柱绕流转捩点的位置。

边界层分离将引起较大的能量损失。结合渐扩段的边界层分离现象，还可说明边界层分离后会产生局部低压，以至于有可能出现空化和空蚀破坏现象。如文氏管喉管出口处。

(3) 卡门涡街圆柱的轴与来流方向垂直。在圆柱的两个对称点上产生边界层分离后，不断交替在两侧产生旋转方向相反的旋涡，并流向下游，形成冯·卡门(Von Karman)"涡街"。

(4) 多圆柱绕流，被广泛用于热工中的传热系统的"冷凝器"及其他工业管道的热交换器等，流体流经圆柱时，边界层内的流体和柱体发生热交换，柱体后的旋涡则起混掺作用，然后流经下一柱体，再交换再混掺。换热效果较佳。另外，对于高层建筑群，也有类似的流动图像，即当高层建筑群承受大风袭击时，建筑物周围也会出现复杂的风向和组合气旋，即使在独立的高建筑物下游附近，也会出现分离和尾流。这应引起建筑师的重视。

4.4型

显示明渠渐扩、桥墩形钝体绕流、流线体绕流、直角弯道和正、反流线体绕流等流段上的流动图谱。

桥墩形柱体绕流。该绕流体为圆头方尾的钝形体，水流脱离桥墩后，形成一个旋涡区——尾流，在尾流区两侧产生旋向相反且不断交替的旋涡，即卡门涡街。与圆柱绕流不同的是，该涡街的频率具有较明显的随机性。

该图谱主要作用有两个：

(1) 说明了非圆柱体绕流也会产生卡门涡街。

(2) 对比观察圆柱绕流和该钝体绕流可见：前者涡街频率 f 在 Re 不变时它也不变；而后者，即使 Re 不变，f 却随机变化。由此说明了为什么圆柱绕流频率可由公式计算，而非圆柱绕流频率一般不能计算的原因。

流线型柱体绕流，这是绕流体的最好形式，流动顺畅，形体阻力最小。又从正、反流线体的对比流动可见，当流线体倒置时，也现出卡门涡街。因此，为使过流平稳，应采用顺流而放的圆头尖尾形柱体。

五、实验步骤

(1) 启动打开旋钮，关闭掺气阀，在最大流速下使显示面两侧下水道充满水。

(2) 掺气量调节旋动调节阀5，可改变掺气量。注意有滞后性，调节应缓慢，逐次进行，使之达到最佳显示效果。掺气量不宜太大，否则会阻断水流或产生振动(仪器产生剧烈噪声)。

六、思考题

(1) 在弯道等急变流段测压管水头不按静水压强规律分布的原因是什么?

(2) 拦污栅为什么会产生振动,甚至发生断裂破坏?

实验 9　雷诺演示实验

一、实验目的

(1) 观察层流、紊流的流态及其转换过程。

(2) 测定临界雷诺数,掌握圆管流态判别方法。

二、实验装置

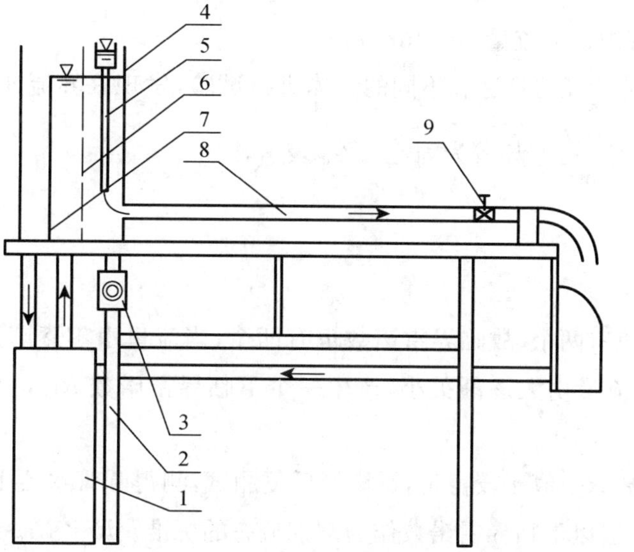

1—自循环供水器；2—实验台；3—可控硅无级调速器；4—恒压水箱；5—有色水管；6—稳水孔板；7—溢流板；8—实验管道；9—流量调节阀

图 1　雷诺实验装置示意图

三、实验原理

流体的两种流态,具有不同的运动特性。层流,流层间没有质点混掺,质点作有序的直线运动;紊流则相反,流层间质点混掺,为无序的随机运动。层流遵循牛顿内摩擦定律,其能量损失与流速一次方成正比。紊流受黏性和紊动共同作用,其阻力比层流大得多,紊流能量损失与流速的 1.75～2 次方成正比。具体的流动是紊流还是非紊流(层流),可用

Re 作判据加以判别。

为了确定圆管流流态的判别准数，1883 年，雷诺(Osborne Reynolds)用一个简单的试验装置观察到了液流中存在着层流和紊流两种流态，这就是著名的雷诺试验。所测得雷诺数 $Re=\frac{vd}{\nu}$，其物理意义，可表征为惯性力与黏滞力之比。

圆管雷诺数

$$Re=\frac{vd}{\nu}=\frac{4Q}{\pi d\nu}=KQ \tag{1}$$

$$K=\frac{4}{\pi d\nu} \tag{2}$$

式中 v——流体流速(10^{-2}m/s)；

ν——流体黏度(10^{-6}m^2/s)；

d——圆管直径(10^{-2}m)；

Q——圆管内过流流量(10^{-6}m^3/s)。

雷诺曾用多种管径的管道和不同的液体进行试验，发现临界流速随管径 d 和运动黏滞系数 ν 而变化，但 $\frac{v_c d}{\nu}$ 值却较为固定，Re_c 表示，即

$$Re_c=\frac{v_c d}{\nu} \tag{3}$$

由于临界流速有两个，故临界雷诺数也有两个，当流量由零逐渐开大，产生一个上临界雷诺数 Re_c，当流量由大逐渐关小，产生一个下临界雷诺数 Re_c，上临界雷数受外界干扰，数值不稳定。

而下临雷诺数 Re_c 值比较稳定，雷诺经反复测试，测得圆管水流下临界雷诺数 Re_c 值为 2 320。因此一般以下临界雷诺数作为判别流态的标准。$Re<Re_c=2\ 320$ 时，管中液流为层流；当 $Re>Re_c=2\ 320$ 时，管中液流为紊流。

四、实验方法与内容

1. 观察两种流态

启动水泵供水，使水箱充水至溢流状态，经稳定后，微微开启调节阀并注入颜色水于实验管道内，使颜色水流成一直线。通过颜色水质点的运动观察管内水流的层流流态，然后，逐步开大调节阀，通过颜色水直线的变化观察层流变到紊流的水力特征，待管中出现完全紊流后，再逐步关小调节阀，可观察到由紊流转变为层流的水力特征。

2. 测定临界雷诺数，再现当年雷诺实验全过程

1）测定下临界雷诺数

开启调节阀，使管中完全紊流，再逐步关小调节阀，注意，调节过程中只许关小、不许开大阀门，且每调节一次流量(即关小一次阀门)后，需待稳定一段时间再观察其形态，直至使颜色水流刚好成一直线，即表明由紊流刚好转为层流，此时可测得下临界雷诺数值在 2 000～2 300 之间。而雷诺在实验时得出圆管流动的下临界雷诺数为 2 320，原因是下临界雷诺数也并非与干扰绝对无关，雷诺进行实验是在环境的干扰极小，实验前水箱中的水体经长时间的稳定情况下，经反复多次细心量测才得出的。而后人的大量实验由于受环境干扰因素影响，很难重复得出雷诺实验的准确数值，通常在 2 000～2 300 之间。

2）测定上临界雷诺数

开启水泵，水箱溢流后，微开调节阀使管中出现层流，逐渐开大调节阀，注意，只许开大，不许关小阀门，待颜色水流刚好散开，表明由层流刚好转为紊流，即有上临界雷诺值。根据实验测定，上临界雷诺数实测值在 3 000～5 000 范围之内，与操作的快慢、水箱的紊动度及外界的干扰等密切相关。有关学者做了大量试验，有的得 12 000，有的得 20 000，有的甚至得 40 000。在实际水流中，干扰总是存在的，故上临界雷诺数为不定值，无实际意义。

层流和紊流在运动学特性和动力学特性方面的差异如表 1 所示。

表 1　　层流与紊流的比较

类型 \ 特性	运动学特性	动力学特性
层流	1. 质点有规律地作分层流动。 2. 断面流速按抛物线分布。 3. 运动要素无脉动现象	1. 流层间无质量传输。 2. 流层间无动量交换。 3. 单位质量的能量损失与流速的一次方成正比
紊流	1. 质点互相混掺做无规则运动。 2. 断面流速按指数规律布。 3. 运动要素发生不规则的脉动现象	1. 流层间有质量传输。 2. 流层间存在动量交换。 3. 单位质量的能量损失与流速的(1.75～2)次方成正比

五、实验成果及要求

实验设备名称：________，实验日期：________。

有关常数如下：

圆管直径 $d=$ ________ $\times 10^{-2}$ m，水温 $T=$ ________ ℃。

运动黏度 $\nu=\dfrac{0.01775\times 10^{-4}}{1+0.0337T+0.000221T^2}=$ ________ $(\mathrm{m^2/s})$。

计算常数 $K=$ ________ (s/m^3)。计算表如表 2 所示。

表 2　雷诺实验记录计算表

实验序号	体积/($\times10^{-6}m^3$)	时间/s	流量/[$\times10^{-6}(m^3\cdot s^{-1})$]	雷诺数 Re
1				
2				
3				
4				
5				
6				

六、思考题

(1) 为何认为上临界雷诺数无实际意义,而采用下临界雷诺数作为层流与紊流的判别依据?

(2) 试结合紊动机理实验的观察,分析由层流过渡到湍流的机理。

实验10 紊动机理演示实验

一、实验目的要求

观察层流、湍流状态，了解湍流运动发生的过程、机理。

二、实验装置

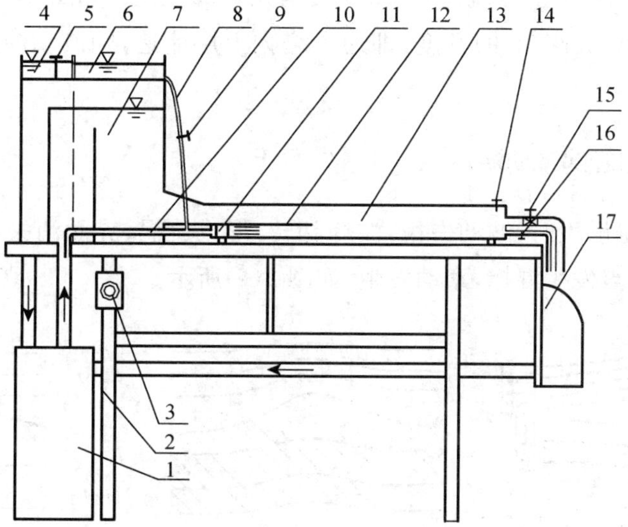

1—自循环供水器；2—实验台；3—可控硅无级调速器；4—消色用丙种溶液容器；5—调节阀；6—染色用甲种溶液容器；7—恒压水箱；8—染色液输液管；9—调节阀；10—取水管；11—混合器；12—上下层隔板；13—剪切显示面流道；14—排气阀；15—出水调节阀；16—分流管与调节阀；17—回水漏斗

图1 紊动机理演示实验装置图

三、实验原理

工作流体由自循环供水器1分两路输出。一路经取水管10输入混合器11，与输液管8输出的甲种溶液混合后呈紫红色液体，经整流后从隔板11下侧流到剪切显示面流道13。另一路由水箱7稳流后，从隔板11的上侧流到显示面流道。适度调节阀15，使隔板上下两股不同流速的水流形成在其交界面为间断面的汇合流。

调节阀5，滴下丙种溶液，以保持工作水体处于无色透明状态。通过改变出水调节阀15、调节阀16的开启度，以调节剪切流道上下层流速，从而改变分界面流速差，由于分界面隔板层上下两层流体呈现不同的颜色,所以可演示紊流逐渐形成的过程。

1. 层流演示

操作时:将调节阀 16 全开,下层红色水流从此流出。调节阀 15,使上层无色水流流速与下层流速相接近。目的是使上下层流速大小相近。若界面直线不稳,可适当减小下层流速 u_2,方法是减小调节阀 16 的开度,减小下层水流流速水头,并适当关小调节阀 15,使上下层流速相近。

由于上下层流速相同,界面流速差接近为零,实验时显示上层无色液流与下层的红色液流的界面清晰、平稳,呈直线状态即层流。

2. 波动形成与发展演示

调节阀 15,适当增大上层流速 u_1,界面处有明显的速度差如图 2(a)所示,于是开始发生微小波动。继续增大阀 15 的开度,即逐渐增大上层流速,则波动演示更为明显如图 2(b)所示。

3. 波动转变为旋涡紊动演示

将阀 15 开到足够大时,波动失稳,波峰翻转,形成旋涡,界面消失,涡体的旋转运动,使得上下层流体质点发生混掺,紊动发生,如图 2(e)所示。

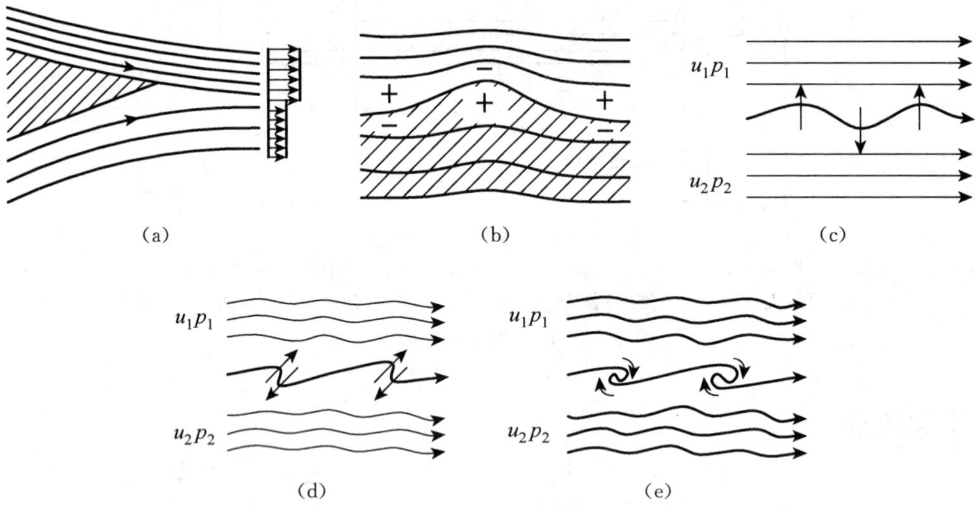

图 2　紊动发生示意图

4. 紊动机理分析

经隔板上下层流道流出的两股水流在隔板末端汇合,如图 2(a)所示。由于两股水流原来的流速不同,在交界面处流速值有一个跳跃变化,这种交界面称为间断面。越过间断

面时流速有突变，其速度梯度为无穷大。根据牛顿内摩擦定律，间断面处的切应力也为无穷大，即

$$\tau = \mu \frac{\Delta u}{\Delta y} \tag{1}$$

若$\Delta y \to 0$，则$\tau \to \infty$，这是不可能的。实际上间断面两侧水流将重新调整，交界面是不稳定的，对于偶然的波状扰动，交界面就会现出波动，如图2(c)所示。在波峰处，上层流体过水断面变小，u_1变大，根据伯努利方程，压强p_1减少；而下层流体则相反，由于过水断面增大而流速u_2变小，压强p_2增大。于是在波峰处产生下一个指向波峰方向的横向压力，使波峰凸得更凸。在波谷处情况相反，上层压强p_1增大，而下层压强p_2减小，产生的横向压力使波谷下凹更低。这样整个流程凸段越凸，凹段越凹，波状起伏更加显著，如图2(d)所示。最后使间断面破裂，翻滚而形成一个个旋涡，如图2(e)所示。以上即是紊动形成的过程。涡体的运动使得上下层流体质点发生混掺，形成紊流。在剪切流动中，即使没有间断面，但有横向流速梯度也会产生旋涡。如在雷诺实验中，当Re数达到一定数值后，颜色水线开始抖动，质点发生混掺，也是旋涡产生的一种情况。因此可以这样理解，产生波动和紊动现象的原因是水流中有横向的流速梯度存在，只有在流速梯度足够大时，波动的扰动状态才演变为旋涡发生的紊流状态。

流体的黏滞性对旋涡的产生、存在和发展具有决定性作用。旋涡发生后，涡体中旋转方向与水流同向的一侧速度较大，相反的一侧速度较小。由于流速大，压强小，致使涡体两侧存在一个压差，形成了作用于涡体的升力(或沉力)，如图2(e)所示。这个升力(或沉力)有使涡体脱离原来的流层而掺入邻近流层的趋势。由于流体的黏性对于涡体的横向运动有抑制作用，只有当促使涡体横向运动的惯性力超过黏滞阻力时，才会产生涡体的混掺。表征惯性力与黏滞阻力的比值是雷诺数。雷诺数小到一定程序(低于临界雷诺数)时，由于黏滞阻力起主导作用，涡体就不能发展和移动，也就不会产生紊流，这就是为什么可以用雷诺数作为流动型态判数的原因。

研究旋涡产生后是继续发展和增强，还是由于黏滞性的阻尼而衰减消失，这个问题称为层流的稳定性问题。旋涡随时间进程而逐渐衰减时层流是稳定的。反之如果旋涡随时间而增强则层流不稳定，最后会发展为紊流。研究层流稳定性问题的目的在于找出各种不同边界中流动的临界雷诺数。

四、思考题

结合实验演示现象，分析海上起大风时，海面上波浪滔天、水汽掺混的原因。

实验 11　沿程阻力实验

一、实验目的要求

(1) 学会测定管道沿程损失因数 λ 和管径粗糙度 Δ 的方法。

(2) 分析圆管恒定流动的水头损失规律、λ 随雷诺数 Re 变化的规律，验证水头损失 h_f 与平均流速 v 的关系。

二、实验装置

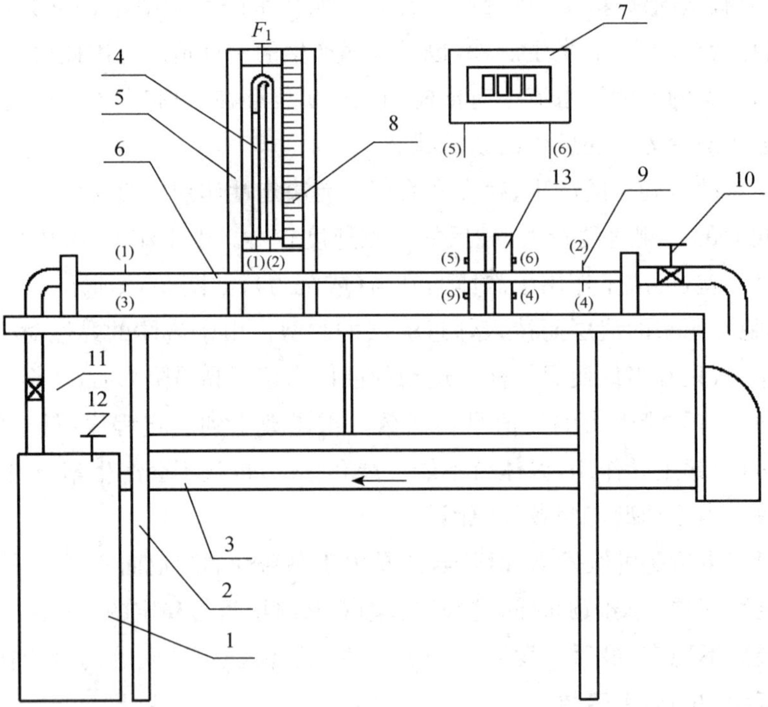

1—自循环高压恒定全自动供水器；2—实验台；3—回水管；4—水压差计；5—测压计；6—实验管道；7—电子测压仪；8—侧滑动测量；9—测压点；10—实验流量调节阀；11—供水管与供水阀；12—旁通管与旁通阀；13—稳压筒

图 1　沿程水头损失实验装置图

三、实验原理

关于沿程水头损失的分析是近四十年来研究的成果，但在几个世纪以前，生产实践就已要求能对沿程水头损失进行计算，所以人们在实践中总结经验，提出了一些计算方法，目前这些方法在工程实践中还一直沿用着。谢才(Chezy)总结明槽均匀流动情况，得出上述经验公式如下

$$v = C\sqrt{RJ} \tag{1}$$

式中 v—— 断面平均流速；

R—— 断面水力半径，即 $R = \dfrac{A}{\chi}$；

J—— 水力坡度，$J = \dfrac{h_f}{L}$；

C—— 谢才系数，$C = \sqrt{\dfrac{8g}{\lambda}}$。

该式常用于明渠和隧洞的过流计算。

本实验的理论依据是最常用的达西公式：

$$h_f = \lambda \frac{L}{d}\frac{v^2}{2g} \tag{2}$$

对于定管径、定长度的圆管，由达西公式，可得

$$\lambda = \frac{2gdh_f}{L} \cdot \frac{1}{v^2} = \frac{2gdh_f}{L}\left(\frac{\pi}{4}d^2/Q\right)^2 = k\frac{h_f}{Q^2} \tag{3}$$

$$k = \pi^2 gd^5/8L$$

另由能量方程对水平等直径圆管，可得

$$h_f = (p_1 - p_2)/\gamma = \Delta h \tag{4}$$

压差可由水压差计和电子测压仪测得。

当进行层流实验时，Δh 由水压差计测得；当进行紊流实验时，Δh 可由电子测压仪测得

圆管层流运动公式如下

$$\lambda = \frac{64}{Re}$$

管壁平均当量粗糙度 Δ 在流动处于湍流过渡区或阻力平方区时测量，可由巴尔公式确定：

$$\frac{1}{\sqrt{\lambda}} = -2\lg\left[\frac{\Delta}{3.7d} + 4.1365\left(\frac{\nu d}{q_V}\right)^{0.89}\right]$$

即

$$\Delta = 3.7d \times \left[10^{-\frac{1}{2\sqrt{\lambda}}} - 4.1365\left(\frac{\nu d}{q_V}\right)^{0.89}\right]$$

四、实验方法与步骤

1. 层流实验

层流实验压差由压差计测量，流量用称重法或量体积法。

(1) 称重法或量体积法是在某一固定的时段内，计量流过水流的重量或体积，进而得出单位时间内流过的流体量，是依据流量定义的测量方法。

本实验及后述各实验的测流量方法常用称重法或量体积法，用秒表计时，用电子秤称重，小流量时，也可用量筒测量流体体积。为保证测量精度，一般要求计时大于 15～20 s。

(2) 压差计连接管排气与压差计补气。启动水泵，全开阀 11，间歇性开关旁通阀 13 数次，待水从压差计顶部流过即可。若测压管内水柱过高须补气，全开阀门 11，13，打开压差计 4 顶部气阀 K，自动充气使压差计中的右管液位降至底部(必要时可短暂关闭阀 12)，立即拧紧气阀 K 即可。排气后，全关阀 11，测压计压差应为零。

(3) 实验时始终全开阀 13，用阀 11 调节流量。层流范围的压差值仅为 2～3 cm 以内，水温越高，差值越小，由于水泵发热，水温持续升高，应先进行层流实验。用压差计测量，流量调节后须等待几分钟，稳定后再测量。

2. 湍流实验

湍流实验测量时用管夹关闭压差计连通管，压差由数显压差仪测量，流量用智能化数显流量仪测量。

(1) 调零。启动水泵，全开阀 11，间歇性开关旁通阀 13 数次，以排除连通管中的气泡。然后，在关闭阀 11 的情况下，管道中充满水但流速为零，此时，压差仪和流量仪读值都应为零，若不为零，则可旋转电测仪面板上的调零电位器，使读值为零。

(2) 流量调节方法：全开实验流量调节阀 11，调节旁通阀 13 来调节流量。

(3) 改变流量 8～10 次，重复上述步骤。其中第一次实验压差 ΔH 在 50～100 cm，逐次增加 ΔH 在 100～150 cm，直至流量最大。

(4) 流量用智能化数显流量仪测量。

无论层流还是湍流实验，每次实验均须测记水温。

五、实验成果及要求

实验台号：________，实验日期：________。

有关常数

圆管直径 $d=$ ________ 10^{-2} m，量测段长度 $l=$ ________ 10^{-2} m。

实验数据记录及计算表格见表 1，根据实测：绘制 $\lg v \sim \lg h_f$ 关系曲线图和 ($\lambda \sim Re$) 关系曲线图。

表 1　沿程水头损失实验记录计算表

测次	体积 V /($\times10^{-6}$ m^3)	时间 t /s	流量 q_V /[$\times10^{-6}$ (m$^3\cdot$s^{-1})]	流速 v /[$\times10^{-2}$ (m$\cdot$s^{-1})]	水温 T /℃	黏度 ν /[$\times10^{-4}$ (m$^2\cdot$s^{-1})]	雷诺数 Re	压差计、电测仪读数 /($\times10^{-2}$ m)		沿程损失 h_f /($\times10^{-2}$ m)	沿程损失因数 λ	$\lambda=\frac{64}{Re}$ ($Re<2\,300$)
								h_1	h_2			
1												
2												
3												
4												
5												
6	/	/										/
7	/	/										/
8	/	/										/
9	/	/										/
10	/	/										/
11	/	/										/
12												/
13												/
14												/
15												/
16												/

六、思考题

(1) 为什么压差计的水柱差就是沿程水头损失?实验管道倾斜安装是否影响实验成果?

(2) 为什么管壁平均当量粗糙度 Δ 不能在流动处于光滑区时测量?

实验 12　局部水头损失实验

一、实验目的

（1）掌握三点法、四点法量测局部损失及测算局部阻力系数的方法技能。

（2）将突扩管的实测值与理论值比较，将突缩管的实测值与经验值比较。

（3）加深对局部损失机理的理解。

二、实验装置

实验装置如图 1 所示。

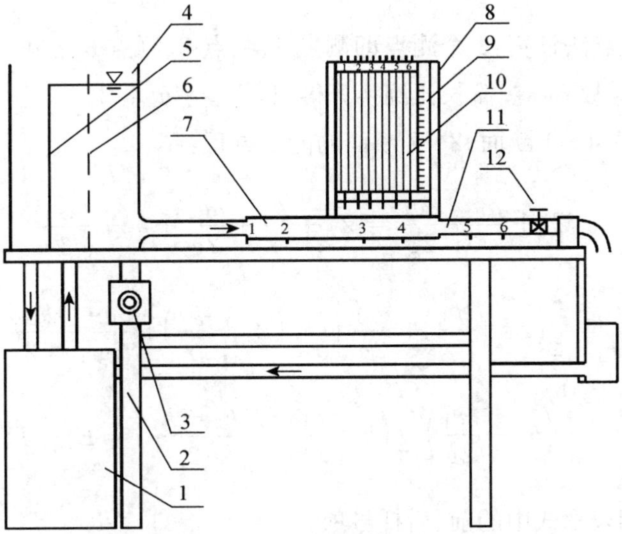

1—自循环供水器；2—实验台；3—可控硅无级调速器；4—恒压水箱；5—溢流板；6—稳水孔板；7—突然扩大实验管段；8—测压计；9—滑动测量尺；10—测压管；11—突然收缩实验管段；12—实验流量调节阀

图 1　局部水头损失实验装置简图

三、实验原理

流体在流动的局部区域，如流体流经管道的突扩、突缩和闸门等处（图 2），由于固体边界的急剧改变引起速度分布的变化，甚至使主流脱离边界，形成旋涡区，从而产生的阻力称为局部阻力。由于局部阻力做功而引起的水头损失称为局部水头损失,用 h_j 表示。局部水头损失是在一段流程上,甚至相当长的一段流程上完成的,如图 2 所示,断面 1 至断面 2,这段流程上的总水头损失包含了局部水头损失和沿程水头损失。

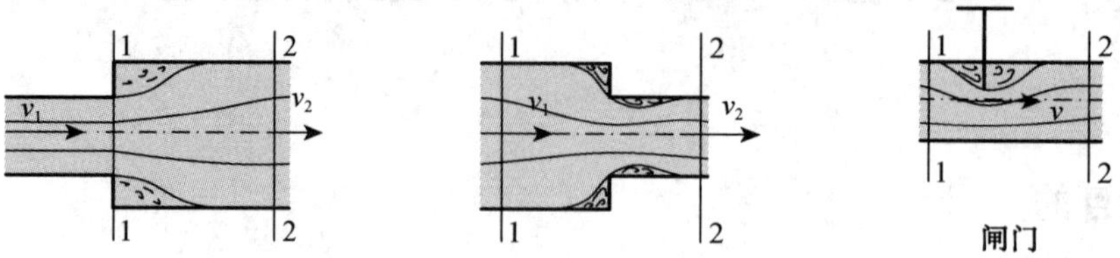

(a) 突扩　　(b) 突缩　　(c) 闸门

图 2　流体流经管道的突扩、突缩和闸门等处速度变化

只要列出局部阻力前后两断面的能量方程,再依据推导条件,即可得该局部阻力的局部水头损失。因本实验中沿程水头损失占总水头损失的比例为 5%～10%,即在计算中不能忽略沿程水头损失,所以在突扩断面时采用三点法计算,在突缩断面时,采用四点法布阵计算。

1. 突扩断面

实验仪采用三点法计算:3 个测点即测点 1、测点 2、测点 3 之间,点 1、点 2 间距为点 2、点 3 间距的一半,故 $h_{f1\text{-}2}$ 按流长比例换算得出, $h_{f1\text{-}2}=h_{f2\text{-}3}/2$。

根据实测,建立 1—1 断面、2—2 断面的能量方程:

$$Z_1+\frac{p_1}{\gamma}+\frac{\alpha v_1^2}{2g}=Z_2+\frac{p_2}{\gamma}+\frac{\alpha v_2^2}{2g}+h_j+\frac{h_{f2\text{-}3}}{2} \tag{1}$$

即

$$h_j=\left[\left(Z_1+\frac{p_1}{\gamma}\right)+\frac{\alpha v_1^2}{2g}\right]-\left[\left(Z_2+\frac{p_2}{\gamma}\right)+\frac{\alpha v_2^2}{2g}+\frac{h_{f2\text{-}3}}{2}\right] \tag{2a}$$

或

$$h_j=\left(h_1+\frac{\alpha v_1^2}{2g}\right)-\left(h_2+\frac{\alpha v_2^2}{2g}+\frac{h_2-h_3}{2}\right)=E^u-E^d \tag{2b}$$

式中, E^u, E^d 分别表示式中的前、后括号项。

因此,只要实验测得 3 个测压点的测压管水头值 h_1, h_2, h_3 及流量等即可得突扩段局部阻力水头损失。

若圆管突然扩大段的局部阻力因数 ζ 用上游流速 v_1 表示,为

$$\zeta=\frac{h_j}{\dfrac{\alpha v_1^2}{2g}} \tag{3}$$

对应上游流速 v_1 的圆管突然扩大段理论公式为

$$\zeta=\left(1-\frac{A_1}{A_2}\right)^2 \tag{4}$$

2. 突缩断面

实验仪采用四点法布阵计算：B 点为突缩点，四点 3、4、5、6 之间，4、B 点间距是 3、4 点间距的 1/2，B 点、5 点间距与 5 点、6 点间距相等。$h_{f4\text{-}B}$ 由 $h_{f3\text{-}4}$ 按长度比例换算得出，$h_{fB\text{-}5}$ 由 $h_{f5\text{-}6}$ 按长度比例换算得出：

$$h_{f4\text{-}B}=h_{f3\text{-}4}/2=\Delta h_{3\text{-}4}/2,$$

$$h_{fB\text{-}5}=h_{f5\text{-}6}=\Delta h_{5\text{-}6}$$

根据实测，建立 B 点突缩前后两断面能量方程

$$Z_4+\frac{p_4}{\gamma}+\frac{\alpha v_4^2}{2g}-h_{f4\text{-}B}=Z_5+\frac{p_5}{\gamma}+\frac{\alpha v_5^2}{2g}+h_{fB\text{-}5}+h_j \tag{5}$$

即

$$h_j=\left[\left(Z_4+\frac{p_4}{\gamma}\right)+\frac{\alpha v_4^2}{2g}-h_{f4\text{-}B}\right]-\left[\left(Z_5+\frac{p_5}{\gamma}\right)+\frac{\alpha v_5^2}{2g}+h_{fB\text{-}5}\right] \tag{6a}$$

或

$$h_j=\left(h_4+\frac{\alpha v_4^2}{2g}-\frac{\Delta h_{3\text{-}4}}{2}\right)-\left(h_5+\frac{\alpha v_5^2}{2g}+\Delta h_{5\text{-}6}\right)=E^u-E^d \tag{6b}$$

式中，E^u，E^d 分别表示式中的前、后括号项。

因此，只要实验测得 4 个测压点的测压管水头值 h_3，h_4，h_5，h_6 及流量等即可得突然缩小段局部阻力水头损失。

若圆管突然缩小段的局部阻力因数 ζ 用下游流速 v_5 表示，为

$$\zeta=\frac{h_j}{\dfrac{\alpha v_5^2}{2g}} \tag{7}$$

对应下游流速 v_5 的圆管突然缩小段局部水头损失经验公式有

$$\zeta=0.5\left(1-\frac{A_5}{A_4}\right) \tag{8}$$

实验后，实测值与理论值作比较可知实验精度。

四、实验方法与步骤

(1) 测记实验有关常数。

(2) 打开电子调速器开关,使恒压水箱充水,排除实验管道中的滞留气体。待水箱溢流后,检查泄水阀全关时,各测压管液面是否齐平,若不平,则需排气调平。

(3) 在恒定流条件下改变流量 3~4 次,其中一次为最大流量,待流量稳定后,分别测记各测压管液面读数,同时测计实验流量。

(4) 实验完成后,关闭泄水阀,检查测压管液面是否齐平;否则,需重做。

五、实验成果及要求

实验台号:________,实验日期:________。

实验管段直径:

$d_1=D_1=$________$\times10^{-2}$m, $d_2=d_3=d_4=D_2=$________$\times10^{-2}$m,

$d_5=d_6=D_3=$________$\times10^{-2}$m。

实验管段长度:

$l_{1\text{-}2}=$________$\times12\times10^{-2}$m, $l_{2\text{-}3}=$________$\times24\times10^{-2}$m, $l_{3\text{-}4}=$________$\times12\times10^{-2}$m;

$l_{4\text{-B}}=$________$\times6\times10^{-2}$m, $l_{\text{B-}5}=$________$\times6\times10^{-2}$m, $l_{5\text{-}6}=$________$\times6\times10^{-2}$m。

实验数据记录及计算结果如表 1、表 2 所示:

表 1 实验记录表

次数	流量			测压管读数/($\times10^{-2}$m)					
	体积/($\times10^{-6}$m^3)	时间/s	流量/[$\times10^{-6}$(m$^3\cdot$s^{-1})]	1	2	3	4	5	6
1									
2									
3									
4									
5									
6									

表 2 实验计算表格

次数	阻力形式	流量 /[×10^{-6}(m^3·s^{-1})]	前断面		后断面		h_j /(×10^{-2}m)	实测值 ζ	理论值 ζ'
			$\frac{\alpha v^2}{2g}$ /(×10^{-2}m)	E^d /(×10^{-2}m)	$\frac{\alpha v^2}{2g}$ /(×10^{-2}m)	E^u /(×10^{-2}m)			
1	突然扩大								
2									
3									
4									
5									
6									
1	突然缩小								
2									
3									
4									
5									
6									

六、思考题

(1) 管径粗细相同、流量相同条件下，试问 d_1/d_2 ($d_1<d_2$) 在任何范围内圆管突然扩大的水头损失比突然缩小的大吗？试用公式来表示。

(2) 结合流动演示仪的水力现象，分析局部阻力损失机理。产生突扩与突缩局部水头损失的主要部位在哪里？怎样减小局部水头损失？

实验 13 孔口与管嘴出流实验

一、实验目的

(1) 量测孔口与管嘴出流的流速系数、流量系数、侧收缩系数局部阻力系数及圆柱形管嘴内的局部真空度。

(2) 分析圆柱形管嘴的进口形状(圆角和直角)对出流能力的影响及孔口与管嘴过流能力不同的原因。

二、实验装置

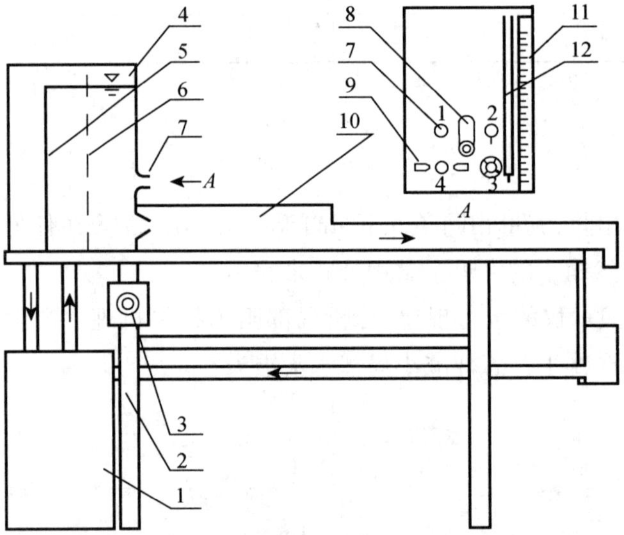

1—自循环供水器;2—实验台;3—可控硅无级调速器;4—恒压水箱;5—溢流板;6—稳水孔板;
7—孔口管嘴(1# 圆角进口管嘴,2# 直角进口管嘴,3# 锥形管嘴,4# 孔口);8—防溅旋板;
9—测量孔口射流收缩直径移动触头;10—上回水槽;11—标尺;12 测压管

图 1 孔口与管嘴出流实验装置图

三、实验原理

在恒压水头下发生自由出流时孔口管嘴的有关公式为

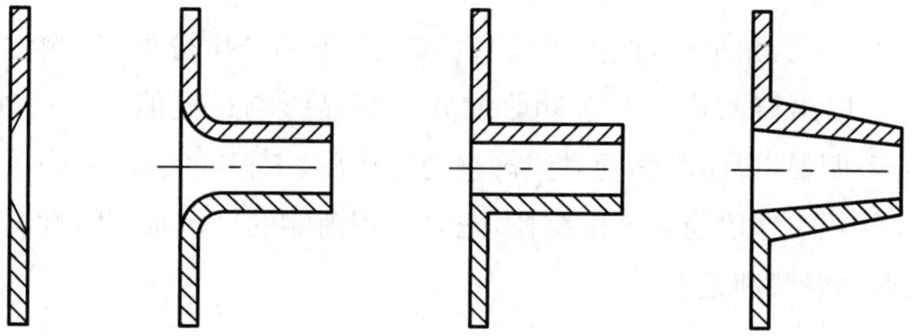

图 2　孔口、管嘴结构剖面图

流量计算　$$Q=\varphi\varepsilon A\sqrt{2gH_0}=\mu A\sqrt{2gH_0} \tag{1}$$

式中，$H_0=H+\dfrac{\alpha v^2}{2g}$，一般因行近流速水头$\dfrac{\alpha v^2}{2g}$很小可忽略不计，所以$H_0=H$；

流量系数　$$\mu=\frac{Q}{A\sqrt{2gH_0}} \tag{2}$$

收缩系数　$$\varepsilon=\frac{A_c}{A}=\frac{d_c^2}{d^2} \tag{3}$$

流速系数　$$\varphi=\frac{v_c}{\sqrt{2gH_0}}=\frac{\mu}{\varepsilon}=\frac{1}{\sqrt{1+\zeta}} \tag{4}$$

阻力系数　$$\zeta=\frac{1}{\varphi^2}-1 \tag{5}$$

实验测得上游恒压水位及各孔口、管嘴的过流量，利用公式(1)—式(5)，从而得出不同形状断面的孔口、管嘴在恒压、自由出流状态下的各水力系数。

根据理论分析，直角进口圆柱形外管嘴收缩断面处的真空度为 $h_V=\dfrac{p_V}{\rho g}=0.75H$。

本实验装置可实测出直角进口圆柱形外管嘴收缩断面处的真空度，打开直角进口管嘴射流，即可观测到，测管处水柱迅速降低，$h_V=(0.6\sim0.7)H_0$。说明直角进口管嘴在进口处产生较大真空。但与经验值 $0.75H_0$ 相比，真空度偏小，其原因主要是有机玻璃材料的直角进口锐缘难以达到像金属材料那样的强度。

1. 观察孔口及各管嘴出流水柱的流股形态

打开各孔口管嘴，使其出流，观察各孔口及管嘴水流的流股形态，因各种孔口、管嘴的形状不同，过流阻力也不同，从而导致各孔口管嘴出流的流股形态也不同：圆角管嘴出流水柱为光滑圆柱，直角管嘴为圆柱形麻花状扭变，圆锥管嘴为光滑圆柱，孔口则为具有侧收缩的光滑圆柱。

圆锥管嘴虽亦属直角进口,但因进口直径渐小,不易产生分离,其侧收缩断面面积接近出口面积(μ 值以出口面积计),故侧收缩并不明显影响过流能力。另外,从流股形态看,横向脉动亦不明显,说明渐缩管对流态有稳定作用(工程或实验中,为了提高工作段水流的稳定性,往往在工作段前加一渐缩段,正是利用渐缩的这一水力特性)。能量损失小,因此其 μ 值与圆角管嘴相近。

2. 观察孔口出流在 $\frac{d}{H}>0.1$ 时与在 $\frac{d}{H}<0.1$ 时侧收缩情况

开大流量,使上游水位升高,使 $\frac{d}{H}<0.1$,测量相应状况下收缩断面直径 d_c;再关小流量,上游水头降低,使 $\frac{d}{H}>0.1$,测量此时的收缩断面直径 d'_c 的值,可发现当 $\frac{d}{H}>0.1$ 时,d'_c 增大,并接近于孔径 d,这叫作不完全收缩,此时由实验测知,μ 也增大,可达 0.7 左右。

四、实验步骤与方法

(1) 记录实验常数,各孔口管嘴用橡皮塞塞紧。

(2) 打开水泵开关,使恒压水箱充水,至溢流后,再打开圆柱形管嘴(先旋转旋板挡住管嘴,然后拔掉橡皮塞,最后旋开旋板),待水面稳定后,测定水箱水面高程标尺读数,用体积法或数显流量计(两种方法皆可)测定流量,测量完毕,先旋转水箱内的旋板,将管嘴进口盖好,再塞紧橡皮塞。

(3) 打开圆锥形管嘴,测记恒压水箱水面高程标尺读数及流量,观察和量测圆柱形管嘴出流时的真空情况。

(4) 打开孔口,观察孔口出流现象,测量水面高程标尺读数及孔口出流流量,测记孔口收缩断面的直径(重复测量 3 次)。改变孔口出流的作用水头(可减少进口流量),观察孔口收缩断面的直径随水头变化的情况。

量测孔口收缩断面直径的方法:用孔口两边的移动触头。先松动螺丝,移动一边触头将其与水股切向接触,并旋紧螺丝,再移动另一边触头,使与水股切向接触,并旋紧螺丝。再将旋板开关以顺时针方向关上孔口,用卡尺测量触头间距,即为射流直径。实验时将旋板置于不工作的孔口或管嘴上,尽量减少旋板对工作孔口、管嘴的干扰。

(5) 关闭水泵,清理实验桌面及场地。

五、实验成果及要求

实验设备名称：________，实验台编号：________，实验日期：________。

孔口管嘴直径及高程：圆角管嘴 $d_1=$________$\times 10^{-2}$ m，直角管嘴 $d_1=$________$\times 10^{-2}$ m，出口高程 $z_1=z_2=$________$\times 10^{-2}$ m。

圆锥形管嘴锥形管嘴 $d_3=$________$\times 10^{-2}$ m，孔口 $d_4=$________$\times 10^{-2}$ m，出口高程 $z_3=z_4=$________$\times 10^{-2}$ m。

表 1　　孔口管嘴实验记录及计算表

<table>
<tr><th>分类
项目</th><th colspan="3">直角进口形管嘴</th><th colspan="3">圆角进口形管嘴</th><th colspan="3">圆锥形管嘴</th><th colspan="3">孔口</th></tr>
<tr><td>水箱液位 H/($\times 10^{-2}$ m)</td><td colspan="3"></td><td colspan="3"></td><td colspan="3"></td><td colspan="3"></td></tr>
<tr><td>体积 V/($\times 10^{-6}$ m^3)</td><td></td><td></td><td></td><td></td><td></td><td></td><td></td><td></td><td></td><td></td><td></td><td></td></tr>
<tr><td>时间 t/s</td><td></td><td></td><td></td><td></td><td></td><td></td><td></td><td></td><td></td><td></td><td></td><td></td></tr>
<tr><td>流量 Q'/[$\times 10^{-6}$(m$^3\cdot$s^{-1})]</td><td></td><td></td><td></td><td></td><td></td><td></td><td></td><td></td><td></td><td></td><td></td><td></td></tr>
<tr><td>平均流量/[$\times 10^{-6}$(m$^3\cdot$s^{-1})]</td><td colspan="3"></td><td colspan="3"></td><td colspan="3"></td><td colspan="3"></td></tr>
<tr><td>作用水头 H_0/($\times 10^{-2}$ m)</td><td colspan="3"></td><td colspan="3"></td><td colspan="3"></td><td colspan="3"></td></tr>
<tr><td>面积 A/m^2</td><td colspan="3"></td><td colspan="3"></td><td colspan="3"></td><td colspan="3"></td></tr>
<tr><td>流量系数 μ</td><td colspan="3"></td><td colspan="3"></td><td colspan="3"></td><td colspan="3"></td></tr>
<tr><td>测压管读数 h/m</td><td colspan="3"></td><td colspan="3"></td><td colspan="3"></td><td colspan="3"></td></tr>
<tr><td>真空度 h_V/m</td><td colspan="3"></td><td colspan="3"></td><td colspan="3"></td><td colspan="3"></td></tr>
<tr><td>收缩直径 d_c/m</td><td colspan="3"></td><td colspan="3"></td><td colspan="3"></td><td colspan="3"></td></tr>
<tr><td>收缩断面 A_c/m^2</td><td colspan="3"></td><td colspan="3"></td><td colspan="3"></td><td colspan="3"></td></tr>
<tr><td>收缩系数 ε</td><td colspan="3"></td><td colspan="3"></td><td colspan="3"></td><td colspan="3"></td></tr>
<tr><td>流速系数 φ</td><td colspan="3"></td><td colspan="3"></td><td colspan="3"></td><td colspan="3"></td></tr>
<tr><td>阻力系数 ζ</td><td colspan="3"></td><td colspan="3"></td><td colspan="3"></td><td colspan="3"></td></tr>
</table>

六、实验分析与讨论

结合观察不同类型管嘴与孔口出流的流股特征，分析流量系数不同的原因及增大过流能力的途径。

七、注意事项

(1) 实验顺序为先管嘴后孔口，每次塞橡皮塞前，先用旋板将进口盖好，以免水花溅开；关闭孔口时旋板的旋转方向为顺时针，否则水易溅出。

(2) 实验时将旋板置于不工作的管嘴上，避免旋板对工作孔口、管嘴的干扰。不工作的孔口、管嘴应用橡皮塞塞紧，防止渗水。

实验 14　水击演示实验

一、实验目的

（1）观察有压管道中水击现象，增强对水击特性的感性认识。

（2）了解水击压强的测量、水击现象的利用和水击危害的消除方法。

二、实验装置

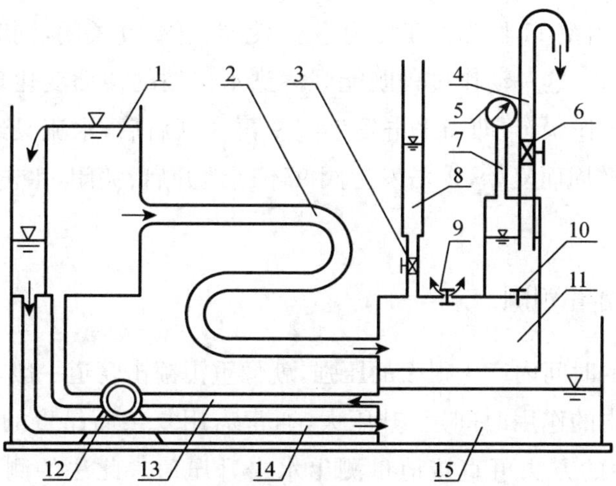

1—恒压供水箱；2—供水管；3—调压筒截止阀；4—扬水机出水管；5—气压表；6—扬水机截止阀；7—压力室；8—调压筒；9—水击发生阀；10—逆止阀；11—水击室；12—水泵；13—水泵吸水管；14—回水管；15—集水箱

图 1　水击实验装置图

三、实验原理

在有压管道中流动的液体，由于某种外界因素（如闸门突然关闭或水泵突然停车），使液体流速突然变化，因动量的改变而引起的压强突然改变（增压和减压交替进行），这种现象称为水击。当增压和减压交替进行时，对于管壁或闸门有如锤击作用，故也称水锤。

本实验仪可用以演示水击波传播、水击扬水、调压筒消减水击工况以及水击压强的量测。

1. 水击的产生和传播

在实验中,水泵 12 能把集水箱 15 中的水送入恒压供水箱 1 中,水箱 1 内设有溢流板和回水管,能使水箱中的水位保持恒定。工作水流自水箱 1 经供水管 2 和水击室 11,再通过水击发生阀 9 的阀孔流出,回到集水箱 14。

在实验时,先关闭截止阀 6 和调压筒截止阀 3,触发水击发生阀 9。当水流通过水击发生阀 9 时,水的冲击力使水击发生阀 9 上移关闭而快速截止水流,因而在供水管 2 的末端首先产生最大的水击升压,并使水击室 11 同时承受到这一水击压强。水击升压以水击波的形式迅速沿着压力管道向上游传播,到达进口以后,由进口反射回来一个减压波,使供水管 2 末端和水击室 11 内发生负的水击压强。

本实验仪能通过水击发生阀 9 和逆止阀 10 的动作过程观察到水击波的来回传播变化现象。即水击发生阀 9 关闭,产生水击升压,使逆止阀 10 克服压力室 7 的压力而瞬时开启,水也随即注入压力室内,并可看到压力表 5 随着产生压力波动。然后,在进口传来的负水击作用下,水击室 11 压强低于压力室 7,使逆止阀 10 关闭,同时,负水击又使水击发生阀 9 下移而开启。这一动作过程既能观察到水击波的传播变化现象,又能使本实验仪保持往复的自动工作状态,即当水击发生阀 9 再次开启后,水流又经阀孔流出,回复到初始工作状态。这样周而复始,水击发生阀 9 不断地开启、关闭,水击现象也就不断地重复发生。

2. 水击压强的定量观测

水击可在极短的时间内产生很大的压强,就像重锤锤击管道一般,甚至可能造成对管道的破坏。由于水击的作用时间短、升压大,通常需用复杂而昂贵的电测系统作瞬态测量,而本仪器用简便的方法可直接地量测出水击升压值。此法的测压系统是由逆止阀 10、压力室 7 和气压表 5 组成。水击发生阀 9 每一开一闭都产生一次水击升压,由于作用水头、管道特性和阀的开度均相同,故每次水击升压值相同。每当水击波往返一次,都将向压力室 7 内注入一定水量,因而压力室内的压力随着水量的增加而不断累加,一直到其值达到与最大水击压强相等时,逆止阀 10 才打不开,水流也不再注入压力室 7,压力室内的压力也就不再增高。这时,可从连接于压力空腔的压力表 5 测量压力室 7 中的压强,此压强即为水击发生阀 9 关闭时产生的最大水击压强,这一测量原理可用一个日常生活例子来加深理解:如一个用气筒每次以 3 kg/cm^2 的压强向轮胎内打气,显然,只有反复多次地打,轮胎内的压强方可达到且只能达到 3 kg/cm^2。

本实验仪工作水头为 25 cm 水柱左右,气压表显示的水击压强值最大可达 300 mm 汞柱(408 cm 水柱)以上,即达到 16 倍以上的工作水头。表明水击有可能造成工程破坏。

3. 水击的利用——水击扬水原理

水击扬水机由图中的1，2，9，10，11，7，3，13等部件组成。水击发生阀9每关闭一次，在水击室11内就产生一次水击升压，逆止阀10随之被瞬时开启，部分高压水被注入压力室7，当截止阀6开启时，压力室的水便经扬水机出水管流向高处。由于水击发生阀9的不断运作，水击连续多次发生，水流亦一次一次地不断注入压力室，因而便源源不断地把水提升到高处。这正是水击扬水机工作原理，本仪器扬水高度为37 cm，即超过恒压供水箱的液面达1.5倍的作用水头。

水击扬水虽然能使水流从低处流向高处，但它仍然遵循能量守恒规律。扬水提升的水量仅仅是流过供水管的一部分，另一部分水量通过水击发生阀9的阀孔流出了水击室。正是这后一部分水量把自身具有势能(其值等于供水箱液面到水击发生阀9出口处的高差)，以动量传输的方式，提供了扬水机扬水。由于水击的升压可达几十倍的作用水头，因而若提高扬水机的水泵吸水管13的高度，水击扬水机的扬程也可相应提高，但出水量会随着高度的增加而减小。

4. 水击危害的消除

水击有可利用的一面，但更多的是它对工程具有危害性的一面。如水击有可能使输水管爆裂。为了消除水击的危害，常在阀门附近设置减压阀或调压筒(井)、气压室等设施。本仪器设有由阀10和调压筒8组成水击消减装置。

实验时全关阀6、全开阀3。然后手动控制阀9的开与闭。由气压表5可见，此时，水击升压最大值约为120 mmHg，其值仅为阀6关闭时的峰值的1/3。这是因为水击波受到调压筒中的液面的反射，传播路径减短，频率加大，加快了减压波返回，因而使水击压强峰值大为降低。表明在流量调节阀门的上游附近设置调压筒(井)等设施能消减水击危害。

四、实验步骤与方法

(1) 接通电源，打开可调节电源开关，调节水泵转速，使恒压水箱内水面平稳。
(2) 关闭调压筒和出水管上的阀门，用手触动水击发生阀，观察水击现象。
(3) 打开出水管上的阀门，观察扬水机工作情况。
(4) 打开调压筒上的阀门，观察调压筒消除水击的情况。
(5) 实验结束，关闭电源。

五、思考题

根据观察，若提高本实验仪水击扬水机出水口的高度，最大能提高多少？

实验15　空化机理实验

一、实验目的

(1) 观察空化现象和空化的形成过程,理解空化发生原理。

(2) 了解流道体型对空化的影响及防空话闸门槽的体型结构。

二、实验装置

实验装置如图1所示。

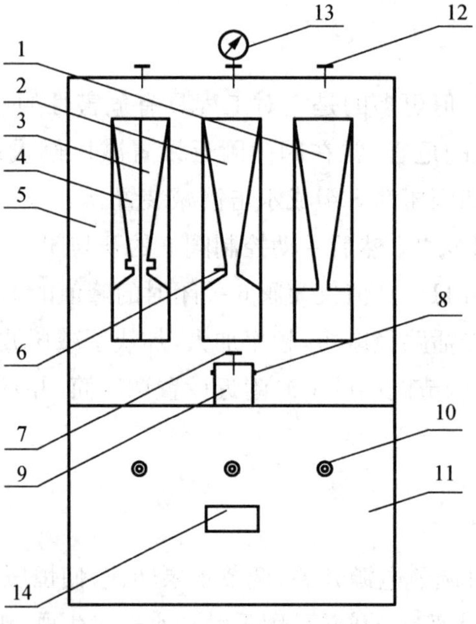

1—流道①文氏型空化显示面;2—流道②渐缩空化显示面;3—流道③矩形闸门槽空化显示面;4—流道④流线型闸门槽空化流动显示面;5—流道显示柜;6—测压点;7—联接短管;8—管嘴;9—空化杯;10—阀门①,②,③;11—自循环供水箱;12—气塞;13—真空表;14—标牌

图1　空化机量实验仪示意图

三、实验原理

在液体流动的局部地区或由于流速过高,或边界层分离,均会导致压强降低,以至于

降低到液流内部出现气体(或蒸汽)空泡或空穴,这种现象称为空化(也叫气穴)。空化现象发生以后,由于其空穴里不是液体而是气体,这就破坏了液流连续性的前提,空化区的压强变化不再服从一般的能量定律。空化可造成很多危害性后果,如引起空化区附近的固体边界的剥蚀破坏(称作空蚀或气蚀),噪声污染、结构振动、机械效率降低等,早已引起工程界的高度重视。反之,空化现象也有它可利用的一面,如根据空化特性可设计节流装置等。因而空化领域已扩展到造船、水力机械、水工建筑、原子能、水下武器、航空、采掘、润滑、生物及医学等部门。

本仪器可用以演示空化发生原理、典型工程空化现象、流道体型对空化的影响以及初生空穴数的定量量测等。

四、实验指导及实验步骤

1. 空化现象的演示

在流道①、②、③、④的三个阀门全开的条件下启动水泵,可看到在流道①、②的喉部和流道③的闸门槽处出现乳白色雾状空化云,这就是空化现象,同时还可听到由空化区发生的空化噪声。空化区的负压(或真空)相当大,其真空度可由真空表(与流道 2 的喉颈处测压点相连)读出。最大真空可达 10 m 水柱(98 kPa)以上。

空化按其型态可分游移型、边界分离型和漩涡型等三种。

在流道①、②喉颈中部所形成的带游移状空化云,为游移型空化;在喉道出口处两边形成的附着于转角两边较稳定的空化云,为附体空化;而发生于流道③中闸门槽(凹口内)旋涡区的空化云,则为旋涡型空化。根据仪器显示的空化区域分析可知,容易发生空化的部位是:高速液流边界突变的流动分离处,如水利工程中的深孔进口、溢流坝面、闸门槽、分叉管、施工不平整处,及动力机械中的水轮机、涡轮机、水泵和螺旋桨叶片的背面以及鱼雷的尾部等。

2. 空化机理

流动液体(以水为例)在标准大气压下,当温度升到 100 ℃,沸腾时水体内所产生大小不一的气泡,就是空化。相应此时温度(100 ℃),水的蒸汽压强(标准大气压)被称为汽化压强(p_V),这种现象亦可在水温不高,压强较低时得以发生。

本仪器可清晰演示此现象的发生。先向空化杯 9 中注入半杯温水(水温 40 ℃左右),压紧橡皮塞盖,然后与管嘴 8(杯两侧各 1 只)接通。在喉管负压作用下,空化杯内的空气被吸出,真空表读数随之增大。当真空度接近(−10) m 水柱时,杯中水就开始沸腾。这是常温水在低压下发生空化的现象。改变杯中水温,汽化压强(p_V)也各不相同。不同水温的 p_V 值如表 1 所列。

表 1　　水的汽化压强

水温/℃	100	90	80	70	60	50
汽化压强 p_V/kPa	101.33	70.10	47.34	31.16	19.92	12.16
$\frac{p_V}{\gamma}$/(m 水柱)	10.33	7.15	4.83	3.18	2.03	1.24
水温/℃	40	30	20	10	5	0
汽化压强 p_V/kPa	7.38	4.24	2.34	1.18	0.88	0.59
$\frac{p_V}{\gamma}$/(m 水柱)	0.75	0.43	0.24	0.12	0.09	0.06

空化形成的原因,可用“气核理论”说明。该理论认为,常压下的普通水里总含有气体,以肉眼察觉不到的微核状态存在于水体。这种微核称作气核,直径在 $10^{-5}\sim10^{-6}$ cm。当压强降到一定程度时,气核就膨胀、积聚组成空泡。可用实验验证气核的存在。启动实验仪,使之出现空化云,注意观测流经空化区的水体。在空化区前不见水中气核,而流经空化区后,则可见水中出现许多小气泡。这些气泡就是水体流经空化区时,由其所挟带的气核积聚而成。

从以上观察分析可知,气核的存在是形成空化的基础,负压的出现是产生空化的条件。

故而,空化杯 9 中的温水不能用冷开水或蒸馏水等,而应当用新鲜自来水,在每次实验前更换新水,保证空化沸腾时显示效果。

3. 空穴数的量测

工程上,常以下列无量纲参数 σ,作为衡量实际水流是否发生空化的指标:

$$\sigma=\frac{p_0-p_V}{\frac{\rho u_0^2}{2}}=\frac{\frac{(p_0-p_V)}{\gamma}}{\frac{u_0^2}{2g}} \tag{1}$$

式中　p_0, u_0——测点上游未受扰动的压强(绝对)和流速;

　　p_V——液体的汽化压强。

当流道某处 σ 低至某值 σ_0 时开始发生空化(σ_0 称为初生空穴数或临界空穴数)。σ_0 随边界条件而异。

本仪器可测定 σ_0,其量测方法,以流道②为例说明如下:

首先在停机时,接长流道②软管,使之可将出水口移至箱外,以便量测流量用。然后,全关阀 1、2、3,启动水泵,渐开流道②阀门(切记不要全开或接近全开),真空表读数随之增大,同时表针摆动加剧(表明脉压增强),当真空增至一定值时,喉道开始出现时隐时现的空泡,这就是初生空化。初生空化亦可借助空化发出的噪声加以判别,空化初生时可听到气泡爆裂发出的细小噪声。

量得初生空化时有关物理量就可计得 σ_0，包括流道②的下泄流量 Q_0 及喉道真空表读数 p_0（相对压强）。

例，本仪器流道②喉部过水断面面积 $A'=0.6\ \text{cm}\times 0.4\ \text{cm}$，侧收缩系数 $\varepsilon=0.95$，实际过流面积 $A=0.228\ \text{cm}^2$，实测 $Q_0=335\ \text{cm}^3/\text{s}$，$\dfrac{p_0}{\gamma}=-6.73\ \text{m}$ 及其水温 29 ℃ $\left(\dfrac{p_V}{\gamma}=0.408\ \text{mH}_2\text{O}\right)$，于是有：

$$\sigma_0=\frac{\dfrac{(p_0+p_a-p_V)}{\gamma}}{\dfrac{\left(\dfrac{Q}{A}\right)^2}{2g}}=\frac{3.192\times 100}{1\ 101}\approx 0.3 \tag{2}$$

即实测临界空穴数为 0.3。本仪器流道②实际最大真空度可达 10 mH_2O，流速高达 18.8 m/s。在 3 个阀门全开时，测得最小空穴数可达 $\sigma_{\min}=-0.004$。因 $\sigma_{\min}\ll\sigma_0$，故产生强烈空化。

初生空穴数测量结束后，当即关机，然后将 3 个阀全开。

4. 流道体型对空化的影响

这种影响可从流道①与②的空化对比看出。在阀门开关相同的条件下，流道①的空化比流道②严重。表明前者初生空化数大于后者。

这也可从两种体型闸槽的空化看出，流道③、流道④分别设有矩形槽和下游具有斜坡的流线型槽。实验表明，在同等流量条件下，前者空化程度大于后者。正如国内一些单位对门槽所做空蚀试验研究表明的那样，矩形槽的初生空穴数 $\sigma_{c1}=2.0$，而下游 1∶2 边坡的流线化门槽，其初生空穴数 $\sigma_{c2}=0.6$。流线化门槽前流速即使高达 25 m/s，断面压强水头 30 m 时，仍能防止空蚀破坏。

由此可知，流道体型对空化影响极大，是引发空化的重要条件之一。在高速流条件下，有时溢流坝面残留的钢筋头，就可造成坝面大面积的空蚀破坏。因此，为防止空化发生，应使坝面尽量光滑平整，流道体型尽量流线型化。

5. 空化管节流装置原理的演示

应指出的是，空化不仅有有害的一面，亦具有可利用的一面。空化管节流装置就是一例。液体火箭发动机的液体燃料供应，要求不受大气压波动的影响。换言之，火箭即使在太空中，其背压比地面低于一个大气压的情况下，仍要求燃料供应量保持不变。为此，在火箭发动机输液管中，设有一种文氏空化管的节流装置，用以实现恒定量供给燃料的要求。本仪器可演示此工作原理。方法是，在 3 个阀门全开时，测出两种尾水位下流道②的出流量：一是抬高尾水位（尾压增高），以空化云不消退为限（例实测得 426 cm^3/s）；二是降低尾水位（尾压降低）落差 1 m，再测出流量（例实测得为 430 cm^3/s）。二者几乎相等。表明尾压变化不影响空化管过流能力。其原因在于：文氏管喉部产生了高度空化，压强接近绝对真空。空化破坏了液流的连续性，能量方程在此已不适用。这时，即使尾部背压再降低，喉部压强也不可能再降（因已接近绝对真空）。因而，此时喉道过流量完全取决于喉道前压强（供压）。若供压恒定，即使尾压有变，流量仍恒定。

空化管在其他领域亦有广泛的应用。例如，制冷液体在压缩机驱动下高速流过文氏管时，因压力骤降而发生空化，由液态变为气态。液体汽化时需从周围吸取大量热能，从而达到制冷效果。之后，压缩机再把气体压缩成液体并释放出大量热，通过散热片排至大气，从而完成热量交换。

五、思考题

为什么在高山上用普通饭锅煮不熟饭？为什么水泵吸水管的高度不能超过 6～7 m？

实验16 水面曲线演示实验

一、实验目的

(1) 观察平坡、倒坡、临界坡、陡坡和缓坡的水流衔接现象。

(2) 观察明渠恒定非均匀流棱柱体渠道中的12种水面曲线。

二、实验装置(图1)

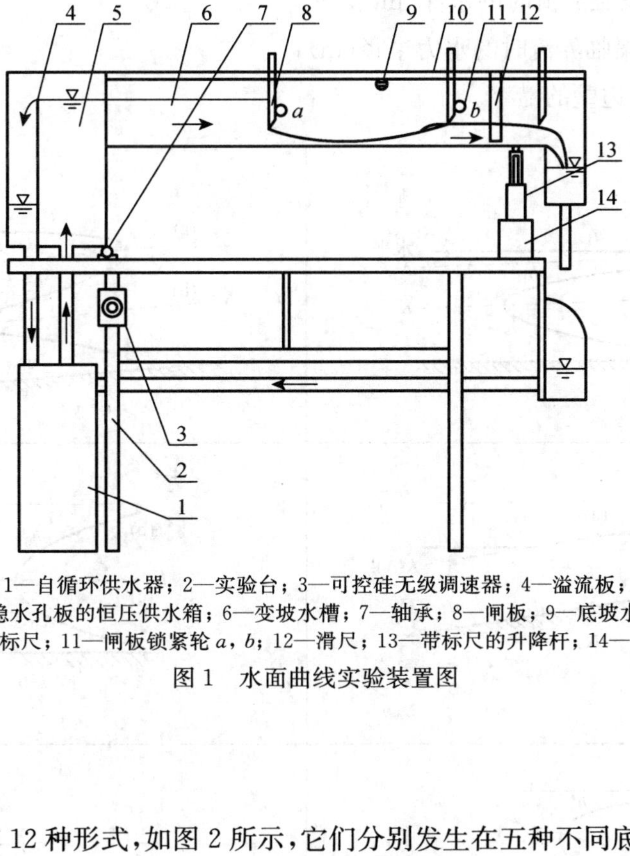

1—自循环供水器；2—实验台；3—可控硅无级调速器；4—溢流板；
5—有稳水孔板的恒压供水箱；6—变坡水槽；7—轴承；8—闸板；9—底坡水准泡；
10—长度标尺；11—闸板锁紧轮 a，b；12—滑尺；13—带标尺的升降杆；14—升降机构

图1 水面曲线实验装置图

三、实验原理

水面曲线共有12种形式，如图2所示，它们分别发生在五种不同底坡上，因而在实验时，必须首先确定底坡形式，其中需定量测定的，也是最关键的是平坡和临界坡。平坡可由水准泡或升降标尺值指示。临界底坡可根据下列各式测算：

$$i_k = \frac{g\chi_k}{\alpha C_k^2 B_k} \tag{1}$$

$$\chi_k = B_k + 2h_k \tag{2}$$

$$h_k = \sqrt[3]{\frac{\alpha Q^2}{gB^2}} \tag{3}$$

$$C_k = \frac{1}{n} R_k^{\frac{1}{6}} \tag{4}$$

$$R_k = \frac{B_k h_k}{B_k + 2h_k} \tag{5}$$

式中 χ_k ——明渠临界流时的湿周(m);

α ——动量修正系数;

C_k ——明渠临界流时的谢才系数($m^{\frac{1}{2}}/s$);

B_k ——明渠临界流时的槽宽(m);

h_k ——明渠临界流时的水深(m);

R_k ——明渠临界流时的水力半径(m);

n ——明渠边壁的糙率。

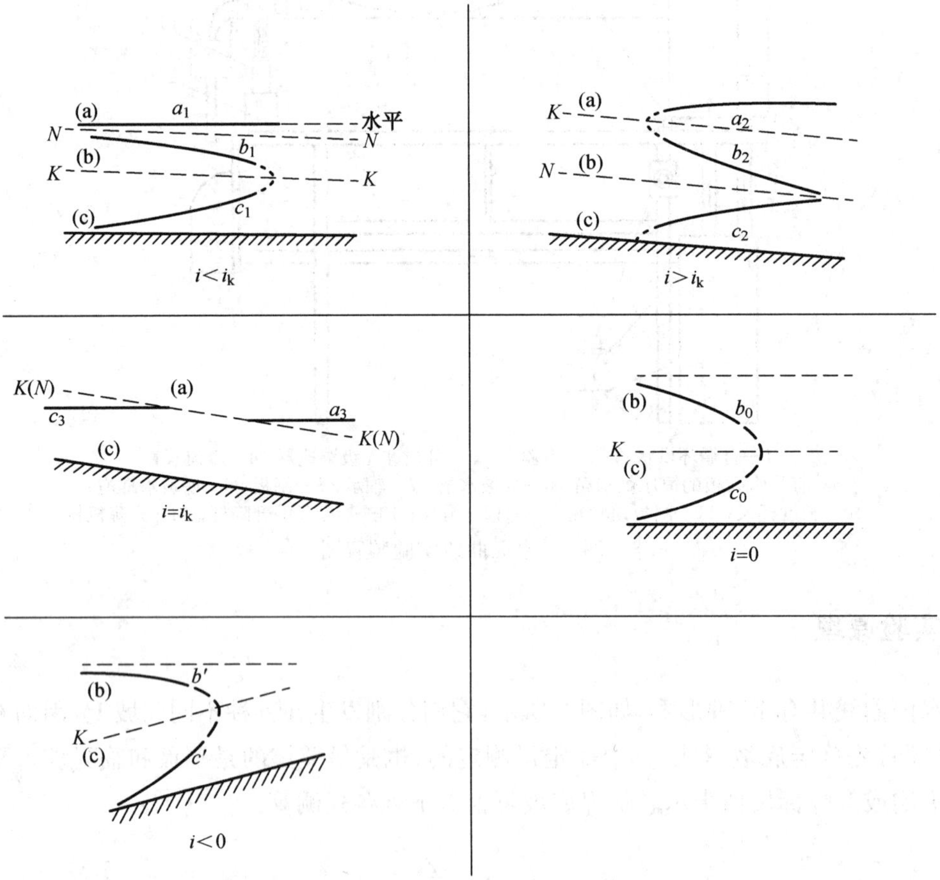

图 2　5种坡度下的12条水面曲线图

四、实验步骤与方法

(1) 启动水泵，流量调到最大，测定流量 Q 并计算 i_k 值和 ΔZ_c 值（$\Delta Z_c = i_k \cdot L_0$）。$\Delta Z_c$ 为升降杆(13) 的标尺值，L_0 为轴承(9)与升降机上支点间的水平距离。

(2) 调节底坡使 $i = 0$，调控上闸门开度，使之形成图 2 中 $i = 0$ 时的 b_0，c_0 型水面曲线。

(3) 用类似的方法，调节底坡和相应上、中闸板，使之形成如图 2 所示的其余 10 种水面曲线，分别予以观察（为使在一个底坡上同时呈现 3 种水面线，要求缓坡宜缓些，陡坡宜陡些）。

五、思考题

(1) 下列情况中，哪些现象可能发生？哪些不可能发生？

- 缓坡上
  - 均匀流
    - 缓流
    - 临界流
    - 急流
  - 非均匀流
    - 缓流
    - 临界流
    - 急流
- 临界坡上
  - 均匀流
    - 缓流
    - 临界流
    - 急流
  - 非均匀流
    - 缓流
    - 临界流
    - 急流
- 平坡上
  - 均匀流
    - 缓流
    - 临界流
    - 急流
  - 非均匀流
    - 缓流
    - 临界流
    - 急流

(2) 在实验中，使长水槽中形成闸孔泄流后发生水跃，如流量不变，可改变水槽底坡，问底坡如何改变会使水跃成为临界式水跃、淹没式水跃和远驱式水跃？

实验17 堰流实验

一、实验目的

(1) 观察不同$\frac{\delta}{H}$的有坎、无坎宽顶堰或实用堰的水流现象,以及下游水位变化对宽顶堰过流能力的影响。

(2) 掌握测量堰流流量因数 m 的实验技能,并测定无侧收缩宽顶堰的 m 值。

二、实验装置

堰流实验装置如图 1 所示。

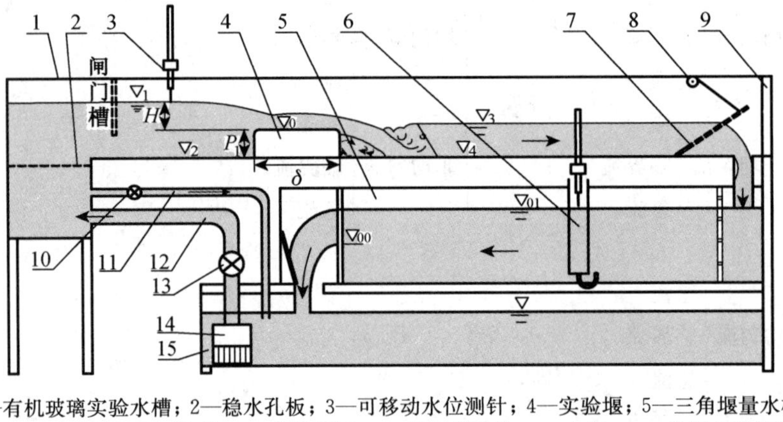

1—有机玻璃实验水槽;2—稳水孔板;3—可移动水位测针;4—实验堰;5—三角堰量水槽;6—三角堰水位测针与测针筒;7—多孔尾门;8—尾门升降轮;9—支架;10—旁通管微调阀门;11—旁通管;12—供水管;13—供水流量调节阀门;14—水泵;15—蓄水箱

图 1 堰流实验装置图

1. 水位测量——水位测针

水位测针结构如图 2 所示,测针杆是可以上下移动的标尺杆,测量时固定在支架套筒中,套筒上附有游标,测量读数类似游标卡尺,精度一般为0.1 mm。测针杆尖端为与水面接触点,测量过程中,不宜松动支座或旋动测针。在测量时,测针尖应自上而下逐渐接近水面,当水位略有波动时,可多次测量取平均值。测量恒定水位时,测针可直接安装,如图 1 中可移动水位测针 3,也可通过测针筒间接安装,如三角堰水位测针与测针筒 6。堰上下游与三角堰量水槽水位分别用测针 3 与 6 量测。移动测针 3 可在槽顶导轨上移动,导轨的纵向水平度在安装调试后应不大于±0.15 mm。

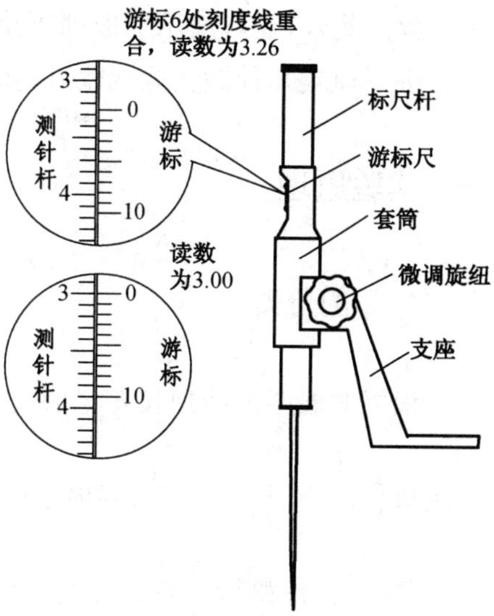

图 2　水位测针

2. 明渠流量测量——堰

明渠流为无压流动,实验室中通常用薄壁堰测量流量。小流量 ($q_V < 0.1\ m^3/s$) 采用三角形薄壁堰,大流量则用矩形薄壁堰。由于堰的造价低,使用简单、直观、精度保证,在明渠流中使用十分广泛。本实验采用直角三角形薄壁堰。

直角三角形薄壁堰如图 3 所示。它的流量计算公式常用下列汤普森(Thompson)经验公式

$$q_V = 1.4H^{5/2}\ (m^3/s) \tag{1}$$

式中,H 单位以 m 计,适用范围 $0.05\ m < H < 0.25\ m$, $P \geqslant 2H$, $B \geqslant (3 \sim 4)H$。测量位置在堰上游 $(3 \sim 5)H$ 处。

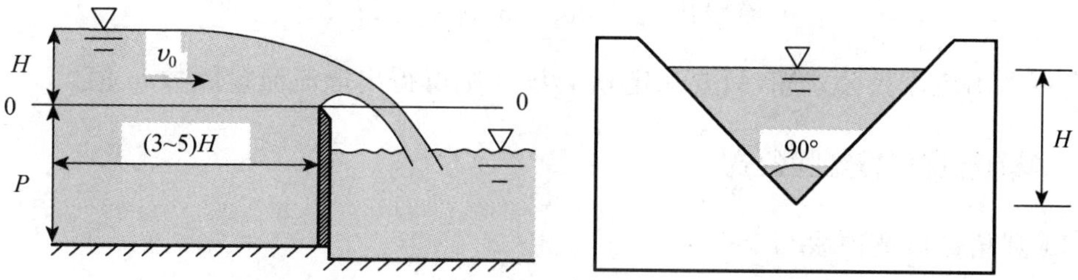

(a) 堰流　　(b) 堰板

图 3　三角形薄壁堰

为消除堰加工误差,对本实验装置中的三角形薄壁堰进行了流量率定,采用以下公式计算

$$q_V = A\ (\Delta h)^B \tag{2}$$

$$\Delta h = \nabla_{01} - \nabla_{00} \tag{3}$$

式中　∇_{01}, ∇_{00}——三角堰堰顶水位(实测)和堰顶高程(实验时为常数);

A, B——率定常数,直接标明于设备铭牌上。

3. 堰、闸模型

本实验槽中可换装各种堰、闸模型。通过更换不同堰体,可演示各种堰流现象及其下游水面衔接形式。包括有侧收缩无坎及其他各种常见宽顶堰流、底流、挑流、面流和戽流

等现象。此外,还可演示平板闸下出流、薄壁堰流。读者在完成规定的实验项目外,可任选其中一种或几种做实验观察,以拓宽感性知识面。

三、实验原理

1. 堰的分类

根据堰墙厚度或顶长 δ 与堰上水头 H 的比值不同而分成三种:薄壁堰 $\left(\frac{\delta}{H}<0.67\right)$;实用堰 $\left(0.67<\frac{\delta}{H}<2.5\right)$;宽顶堰 $\left(2.5<\frac{\delta}{H}<10\right)$。

实验时,需检验 $\frac{\delta}{H}$ 是否在实验堰的相应范围内。

2. 堰流流量公式

$$\text{自由出流}\quad q_V = mb\sqrt{2g}H_0^{3/2} \tag{4}$$

$$\text{淹没出流}\quad q_V = \sigma_s mb\sqrt{2g}H_0^{3/2} \tag{5}$$

由自由出流流量公式知,只要测定 q_V,H_0,则可得出堰流流量因数 m 值。

3. 堰流流量系数经验公式

(1) 圆角进口宽顶堰

$$m = 0.36 + 0.01\frac{3-\frac{P_1}{H}}{1.2+\frac{1.5P_1}{H}} \quad (\text{当 } P_1/H \geqslant 3 \text{ 时}, m = 0.36) \tag{6}$$

式中 P_1——上游堰高;

H——堰上作用水头。

(2) 直角进口宽顶堰

$$m = 0.32 + 0.01\frac{3-\frac{P_1}{H}}{0.46+\frac{0.75P_1}{H}} \quad \left(\text{当}\frac{P_1}{H} \geqslant 3 \text{ 时}, m = 0.32\right) \tag{7}$$

4. 堰上总作用水头

本实验需测记渠宽 b,上游渠底高程 ∇_2、堰顶高程 ∇_0、宽顶堰厚度 δ、流量 q_V 及上游水位

∇_1。进而按下列各式计算确定上游堰高 P_1、行近流速 v_0、堰上作用水头 H 和总作用水头 H_0：

$$P_1 = \nabla_0 - \nabla_2 \tag{8}$$

$$v_0 = \frac{q_V}{b(\nabla_1 - \nabla_2)} \tag{9}$$

$$H = \nabla_1 - \nabla_0 \tag{10}$$

$$H_0 = H + \frac{\alpha v_0^2}{2g} \tag{11}$$

四、实验内容

1. 薄壁堰演示

三角形薄壁堰安装于三角堰量水槽 5 的首部，用于测量小流量。

矩形薄壁堰用于测量较大流量。实验演示可观察水舌的形态，从中了解曲线型实用堰的堰面曲线形状。观察水舌形状时应使水舌下方与大气相通。根据水舌的形状不难理解，如果所设计的堰面低于水舌下缘曲线，堰面就会出现负压，故此类堰称真空堰。真空堰能提高流量因数，但堰面易遭空蚀破坏。若堰面稍突入水舌下缘曲线，堰面受到正压，故称非真空实用堰。因流量不同，水舌形状不同，因而所谓真空堰或非真空堰，都是相对一定流量而言的。WES 堰在设计水头作用下为非真空堰。

2. WES 曲线型实用堰演示

如图 4 所示，当下游水位较低时，过堰水流在堰面上形成急流，沿流程高度降低，流速增大，水深减小，在堰脚附近断面水深最小(h_c)，流速最大。该断面称为堰下游的收缩断面。在收缩断面后的平坡渠道上，形成 H_3 型水面曲线，并通过水跃与尾门前的缓流相衔接。

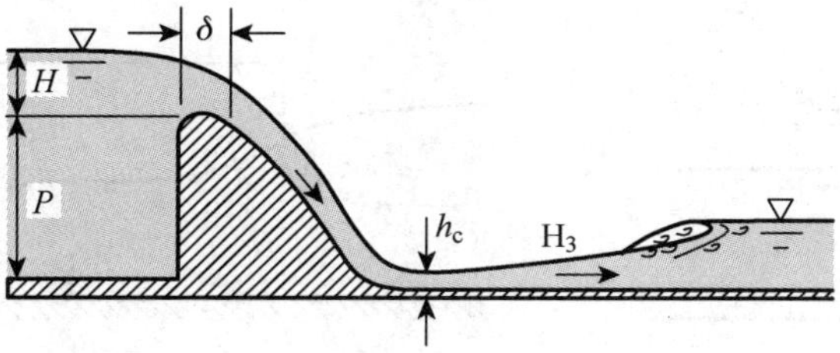

图 4　WES 堰流水面形态

3. 宽顶堰演示

本实验装置配有无坎、直角进口和圆角进口三种宽顶堰模型,可供不同教学要求选用。

(1) 宽顶堰。调节流量使过流符合宽顶堰条件 $2.5<\frac{\delta}{H}<10$。当 $4<\frac{\delta}{H}<10$ 时,如图5所示,为宽顶堰堰流的典型形态。当 $2.5<\frac{\delta}{H}<4$ 时,堰顶只有一次跌落,且无收缩断面。若 $\frac{\delta}{H}>10$,由于堰顶水流的沿程损失,对过水能力有明显影响,已不能忽略,这已属于明渠范畴了。

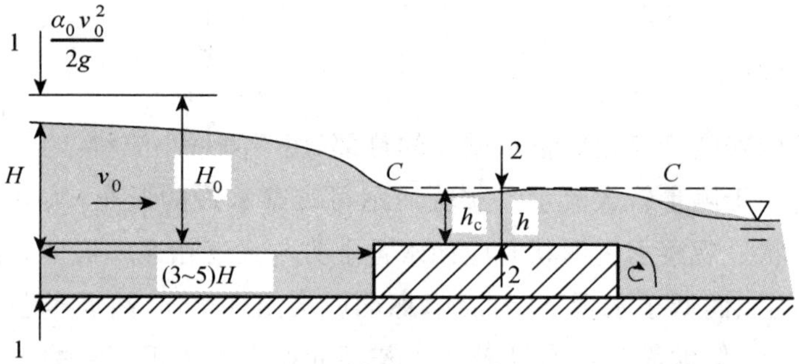

图5 宽顶堰水面形态

宽顶堰出流又分自由出流和淹没出流两种流态:若下游水位不影响堰的过流能力,称为自由出流;在流量不变条件下,若上游水位受下游水位顶托而抬升,这时下游水位已影响堰的过流能力,称为淹没出流。判别淹没出流的条件是 $\frac{h_s}{H_0}\geqslant 0.8$。$h_s$ 为下游水位超过堰顶的高度。可调节尾门改变尾水位高度,以形成自由出流或淹没出流实验流态。

(2) 无坎宽顶堰。俯视图如图6所示。两侧模型分别被浸湿了的吸盘紧紧吸附于有机玻璃槽壁上。由于侧收缩的影响,在一定的流量范围内水流呈现两次跌落的形态,如图7所示,与宽顶堰形态相似。工程中平底河道的闸墩、桥墩的流动均属此种堰型。

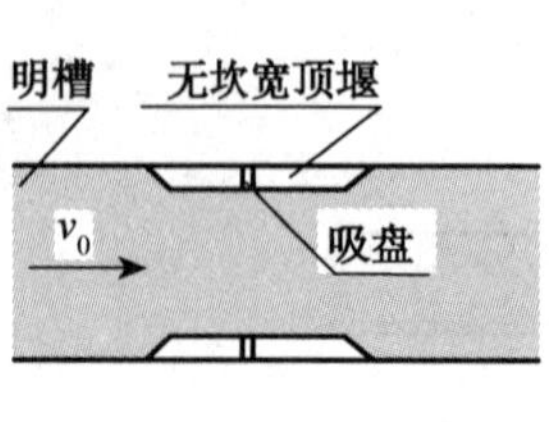

图6 无坎宽顶堰俯视图

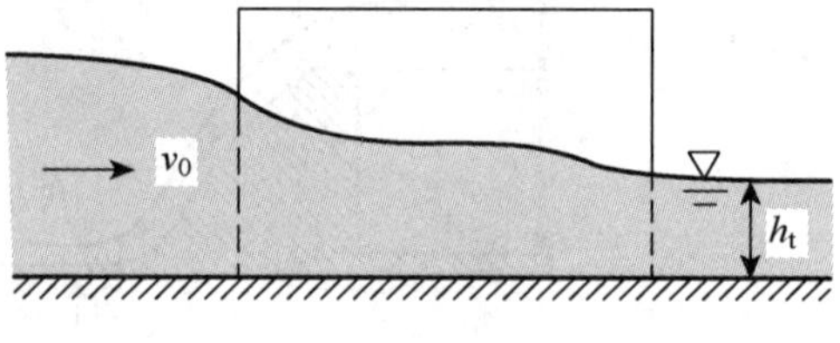

图7 无坎宽顶堰水面形态

五、实验步骤与方法

(1) 安装堰模型，根据实验要求，可任意选择直角进口宽顶堰、圆角进口宽顶堰、WES型标准剖面实用堰、矩形薄壁堰、无坎宽顶堰中的一种，安装在明槽内的相应位置。

(2) 启动、流量调节与测量：插上电源，大流量用阀 13 调节，流量微调用阀 10 调节。流量用三角堰量水槽 5 与三角堰水位测针 6 测量。

(3) 水位调节与测量。尾水位用尾门 7 和升降轮 8 调节，上、下游水位及槽底、堰顶高程用移动测针 3 测量。上游水位 ∇_1应在(3～5)H 附近处测量。

六、实验成果及要求

1. 记录有关信息及实验常数(表 1)

实验设备名称：________________，实验台号：__________，

实验者：______________________，实验日期：__________。

渠宽 b=________$\times 10^{-2}$ m；宽顶堰厚度 δ=________$\times 10^{-2}$ m；

上游渠底高程 ∇_2=________$\times 10^{-2}$ m；堰顶高程 ∇_0=________$\times 10^{-2}$ m；

上游堰高 $P_1 = \nabla_0 - \nabla_2$ = ________$\times 10^{-2}$ m；

三角堰流量公式为

$$q_V = A\,(\Delta h)^B \quad \Delta h = \nabla_{01} - \nabla_{00}$$

式中，三角堰顶高程 ∇_{00}=________$\times 10^{-2}$ m；A=________；B=________。

表 1　　直角进口宽顶堰流量系数测记表

实验次数	三角堰堰上水位 ∇_{01}/($\times 10^{-2}$ m)	实测流量 $q=A(\Delta h)^B$/[$\times 10^{-6}$(m$^3\cdot$s^{-1})]	宽顶堰堰上水位 ∇_1 /($\times 10^{-2}$ m)	宽顶堰堰顶水 $H=\nabla_1-\nabla_0$ /($\times 10^{-2}$ m)	行近流速 $v_0=\dfrac{q}{b(\nabla_1-\nabla_2)}$ /[$\times 10^{-2}$(m$\cdot$s^{-1})]	宽顶堰堰顶总水头 H_0 /($\times 10^{-2}$ m)	流量系数 m 实测值	流量系数 m 经验值
1								
2								
3								

注：三角堰公式中流量的单位：($\times 10^{-6}$ m^3/s)，Δh($\times 10^{-2}$ m)。

七、实验分析与讨论

(1) 量测堰上水头 H 值时,堰上游水位测针读数为何要在堰壁上游(3～5)H 附近处测读?

(2) 有哪些因素影响实测流量因数的精度? 如果行近流速水头略去不计,对实验结果会产生多大影响?

实验 18 达西渗流实验

一、实验目的和要求

(1) 测量样砂的渗透系数 k 值,掌握特定介质渗透系数的测量技术。

(2) 通过测量透过砂土的渗流流量和水头损失的关系,验证达西定律。

二、实验装置

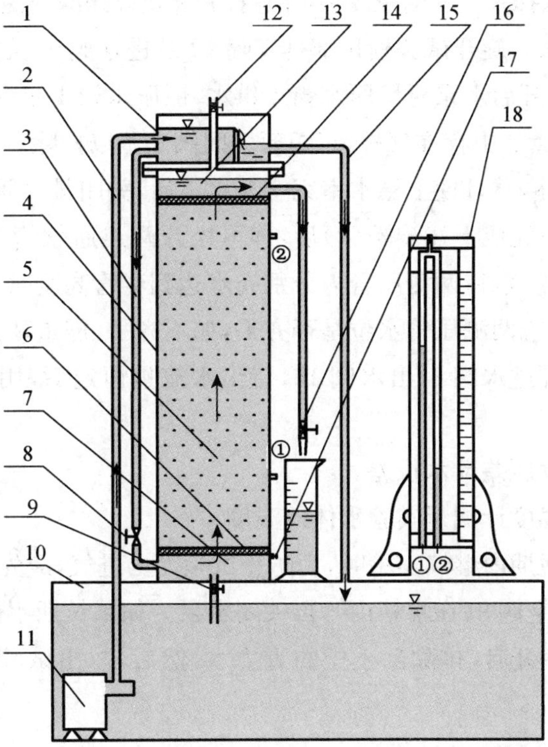

1—恒压水箱;2—供水管;3—进水管;4—试验筒;5—试验砂;6—下过滤网;7—下稳水室;8—进水阀;9—放空阀;10—蓄水箱;11—水泵;12—排气阀;13—上稳水室;14—上过滤网;15—溢流管;16—出水管与出水阀;17—排气嘴;18—压差计

图 1 达西渗流实验装置图

1. 装置说明

自循环供水如图 1 中的箭头所示,恒定水头由恒压水箱 1 提供,水流自下而上,利于排气。试验筒 4 上口是密封的,利用出水管 16 的虹吸作用可提高试验砂的作用水头。代表渗流两断面水头损失的测压管水头差用压差计 18(气-水 U 形压差计)测量,图中试验筒 4 上的测点①、②分别与压差计 18 上的连接管嘴①、②用连通软管连接,并在两根连通软管上分别设置管夹。被测量的介质可以用天然砂,也可以用人工砂。砂土两端附有滤网,以防细砂流失。上稳水室 13 内装有玻璃球,作用是加压重以防止在渗透压力下砂柱上浮。

2. 基本操作方法

(1) 安装试验砂。拧下上水箱法兰盘螺丝,取下上恒压水箱,将干燥的试验砂分层装入筒内,每层 20～30 mm,每加一层,用压砂杆适当压实,装砂量应略低于出口 10 mm 左右。装砂完毕,在实验砂上部加装过滤网 14 及玻璃球。最后在试验筒上部装接恒压水箱 1,并在两法兰盘之间衬垫两面涂抹凡士林的橡皮垫,注意拧紧螺丝以防漏气漏水,接上压差计。

(2) 新装干砂加水。旋开试验桶顶部排气嘴 12 及进水阀 8,关闭出水阀 16、放空阀 9 及连通软管上的管夹,开启水泵对恒压水箱 1 供水,恒压水箱 1 中的水通过进水管 3 进入下稳水室 7,如若进水管 3 中存在气柱,可短暂关闭阀 8 予以排除。继续进水,待水慢慢浸透装砂圆筒内全部砂体,并且使上稳水室完全充水之后,关闭排气阀 12。

(3) 压差计排气。完成上述步骤(2)后,即可松开两连通软管上的管夹,打开压差计顶部排气嘴旋钮进行排气,待两测压管内分别充水达到半管高度时,迅速关闭排气嘴旋钮即可。静置数分钟,检查两测压管水位是否齐平,如不齐平,需重新排气。

(4) 测流量。全开进水阀 8、出水阀 16,待出水流量恒定后,用重量法或体积法测量流量。

(5) 测压差。测读压差计水位差。

(6) 测水温。用温度计测量实验水体的温度。

(7) 试验结束。短期内继续实验时,为防止试验筒内进气,应先关闭进水阀门 8、出水阀 16、排气嘴 12 和放空阀 9(在水箱内),再关闭水泵。如果长期不做该实验,关闭水泵后将出水阀 16、放空阀 9 开启,排除砂土中的重力水,然后,取出试验砂,晒干后存放,以备下次实验再用。

三、实验原理

1. 渗流水力坡度 J

由于渗流流速很小,故流速水头可以忽略不计。因此总水头 H 可用测压管水头 h

来表示，水头损失 h_w 可用测压管水头差来表示，则水力坡度 J 可用测压管水头坡度来表示：

$$J=\frac{h_w}{l}=\frac{h_1-h_2}{l}=\frac{\Delta h}{l} \tag{1}$$

式中 l——两个测量断面之间的距离(测点间距)；

h_1 与 h_2——两个测量断面的测压管水头。

2. 达西定律

达西通过大量实验，得到圆筒断面积 A 和水力坡度 J 成正比，并和土壤的透水性能有关，即

$$v=k\frac{h_w}{l}=kJ \tag{2}$$

或

$$q_V=kAJ \tag{3}$$

式中 v——渗流断面平均流速；

k——土质透水性能的综合系数，称为渗透系数；

q_V——渗流量；

A——圆桶断面面积；

h_w——水头损失。

式(2)即为达西定律，它表明，渗流的水力坡度，即单位距离上的水头损失与渗流流速的一次方成正比，因此也称为渗流线性定律。

3. 达西定律适用范围

达西定律有一定适应范围，可以用雷诺数 $Re=\frac{vd_{10}}{\nu}$ 来表示。其中，v 为渗流断面平均流速；d_{10} 为土壤颗粒筛分时占 10％重量土粒所通过的筛分直径；ν 为水的运动黏度。一般认为当 Re 小于 1～10 范围之间的值时(如绝大多数细颗粒土壤中的渗流)，达西定律是适用的。只有在砾石、卵石等大颗粒土层中渗流才会出现水力坡度与渗流流速不再成一次方比例的非线性渗流(Re 大于 1～10 范围之间的值)，达西定律不再适应。

四、实验内容

按照基本操作方法，改变流量 2～3 次，测量渗透系数 k，实验数据处理与分析参考第五部分。

五、数据处理及成果要求

1. 记录有关信息及实验常数

实验设备名称：<u>达西渗流实验仪</u>，实验台号：________，

实验者：________________，实验日期：________，

砂土名称：<u>人工粗砂</u>；测点间距 $l=$ <u>30.0</u> $\times10^{-2}$ m；

砂筒直径 $d=$ <u>15.0</u> $\times10^{-2}$ m；$d_{10}=$ <u>0.03</u> $\times10^{-2}$ m。

2. 实验数据记录及计算结果(表 1)

表 1　　渗流实验测记表

序次	测点压差 /($\times10^{-2}$m)			水力坡度 J	流量 q_V			砂筒面积 A /($\times10^{-4}$ m^2)	流速 v /[$\times10^{-2}$(m·s^{-1})]	渗透系数 k /[$\times10^{-2}$(m·s^{-1})]	水温 T /℃	黏度 ν /[$\times10^{-4}$(m^2·s^{-1})]	雷诺数 Re
	h_1	h_2	Δh		体积/($\times10^{-6}$ m^3)	时间/(s)	流量/[$\times10^{-6}$(m^3·s^{-1})]						
1													
2													

3. 成果要求

完成实验数据记录及计算表。校验实验条件是否符合达西定律适用条件。

六、注意事项

(1) 实验中不允许气体渗入砂土中。若在实验中，下稳水室 7 中有气体滞留，应关闭出水阀 16，打开排气嘴 17，排除气体。

(2) 新装砂后，开始实验时，从出水管 16 排出的少量浑浊水应当用量筒收集后予以废弃，以保持蓄水箱 10 中的水质纯净。

七、思考题

（1）不同流量下渗流系数 k 是否相同？为什么？

（2）装砂圆筒垂直放置、倾斜放置时，对实验测得的 q_V，v，J 与渗透系数 k 值有何影响？

实验19　离心泵性能及串并联运行实验

一、实验目的与要求

(1) 学习离心泵性能参数的测试方法和绘制性能曲线方法。

(2) 了解离心泵串并联运行特性。

二、实验装置

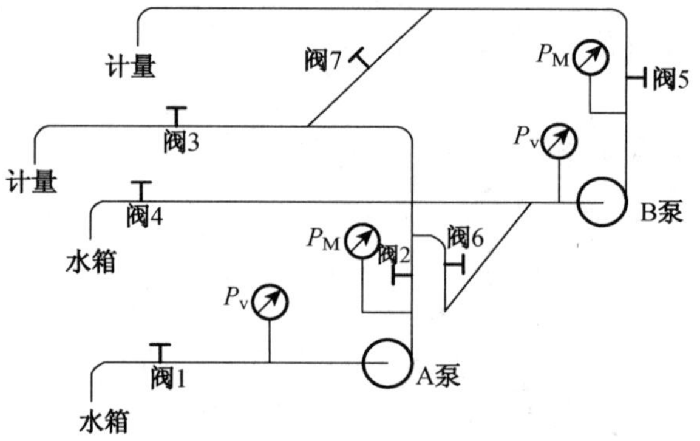

P_M—压力表；P_V—真空表

图1　离心泵性能曲线实验装置图

综合实验台由A、B两个单泵组成,利用切换阀门,组成各单项实验系统。

(1) 性能实验:关闭阀门6，7,打开阀门1，2，3组成A泵实验系统;打开阀门4，5组成B泵实验系统。

(2) 串联实验:关闭阀门3，4，7,打开阀门1，2，5，6组成。双泵A(前泵),B(后泵)串联实验系统。

(3) 并联实验:关闭阀门3，6,打开阀门1，2，4，5，7组成双泵A，B并联实验系统。

三、实验原理

1. 性能实验

单泵性能实验是离心泵实验的基础。在定转速下实测实验泵扬程，轴功率、效率随流量的变化规律，并绘制性能曲线。

(1) 流量：采用体积法测量，流量值由仪表显示。

(2) 扬程：

$$H = \Delta Z + \frac{P_M}{\gamma} + \frac{P_V}{\gamma}\ (\text{m}) \tag{1}$$

式中　P_M—— 泵出口压力表示值(MPa)；

P_v—— 泵入口真空表，真空值(MPa)；

ΔZ—— 泵出口压力表中心至入口断面的高差(m)；

γ—— 单位体积水重 $\gamma = \rho g$。

(3) 轴功率：

$$N = P_1 \eta_N \tag{2}$$

式中　P_1 —— 电机输入功率，功率表显示(kW)；

η_N—— 电机效率，与电机运行负载有关，为简化计算，参照额定值及负载的变化，取 $\eta_N = 0.72$。

(4) 效率：

$$\eta = \frac{N_e}{N} \times 100\% \tag{3}$$

式中　N_e —— 有效功率，$N_e = \gamma HQ$；

N ——轴功率。

由实测性能参数，绘制 Q-H，Q-N，Q-η 性能曲线。

2. 串联实验

在定转速下，实测串联机组流量、扬程，绘制性能曲线 $(Q\text{-}H)_{A+B串}$。

$$H = \frac{P_{MB}}{\gamma} + \frac{P_{VA}}{\gamma} + \Delta Z \tag{4}$$

式中　Q ——流量，仪表显示；

H ——扬程；

P_{MB}——泵B(后泵)出口压力表示值;

P_{VA}——泵A(前泵)入口真空表,真空值。

以实测串联机组性能曲线 $(Q\text{-}H)_{A+B串}$,与单泵 $Q\text{-}H$ 曲线在同一流量下扬程叠加(纵加)所得串联性能曲线相比较。

分析串联前、后泵之间连接管路有水头损失,实测性能曲线 $(Q\text{-}H)_{A+B串}$ 低于单泵叠加串联性曲线。

3. 并联实验

在定转速下,实测并联机组流量、扬程,绘制性能曲线 $(Q\text{-}H)_{A+B并}$。

$$H=\Delta Z+\frac{P_M}{\gamma}+\frac{P_V}{\gamma} \tag{5}$$

式中 Q——流量;

H——扬程;

P_M——单泵(泵A或泵B)出口压力表示值;

P_V——单泵入口真空表,真空值。

以实测并联机组性能曲线 $(Q\text{-}H)_{A+B并}$,与单泵 $Q\text{-}H$ 曲线在同一扬程下流量叠加(横加)所得并联性能曲线相比较

四、实验步骤与方法

(1) 全面了解实验台的功能,熟悉要实测的性能参数及仪表的测读方法;

(2) 单泵实验:组成单泵实验系统,全开水泵入口阀门,启动水泵;全开出口阀门,待运行稳定后,关闭计量水箱底部放水阀。计量流量、压力表、真空表、功率表示值并记录。逐次关小出口阀门,调小流量,重复前述实验过程(1～10次)并记录。实验结束停泵,切断电源。

(3) 串联实验:组成串联实验系统,全开阀门1,2,6。同时启动两泵,全开阀门5,待运行稳定后,关闭计量水箱底部放水阀,计量流量、前泵入口真空表示值及后泵出口压力表示值并记录。逐次关小后泵出口阀门5,调小流量,重复前述实验过程并记录。实验结束,停泵切断电源。

(4) 并联实验:组成并联实验系统,全开两泵入口阀门。同时启动两泵,全开两泵出口阀门。适度调节A泵或B泵出口阀门,使两泵扬程相等。待运行稳定后,计量流量及压力表、真空表示值并记录。保持两泵扬程相等,关小两泵出口阀门,调小流量,重复前述实验过程。实验结束,停泵切断电源。

(5) 当智能流量计显示出流量示值后,要及时将出水换向弯头移至放水口,以免计量

水箱满流外溢。

(6) 实验过程不可用吸水管阀门调节流量。

(7) 切实注意安全操作,在切断电源 5 min 之内严禁触摸电泵。

五、实验成果及要求

(1) 完成离心泵性能实验记录及绘制性能曲线(表 1、表 2)。

(2) 完成离心泵串联实验记录及绘制串联(Q-H)实验曲线(表 3)。

(3) 完成离心泵并联实验记录及绘制并联(Q-H)实验曲线(表 4)。

表 1　性能曲线实验记录(单泵)实验泵编号________ 转速 n=2 850 r/min, ΔZ=0.72 m

测值					计算参数				备注
项目 序号	压力表 P_M /MPa	真空表 P_V /MPa	流量 Q /s^{-1}	功率表 P_1 /kW	扬程 $H=\Delta Z+\frac{P_M}{\gamma}+\frac{P_V}{\gamma}$ /m	有效功率 $N_e=\gamma QH$ /kW	轴功率 $N=P_1\eta_N$ /kW	效率 $\eta=\frac{N_e}{N}$ /%	
1									
2									
3									
4									
5									
6									
7									
8									
9									
10									
11									
12									

表 2 性能曲线实验记录(单泵)实验泵编号________转速 n=2 850 r/min, ΔZ=0.72 m

测值					计算参数				备注
项目 / 序号	压力表 P_M /MPa	真空表 P_V /MPa	流量 Q /s^{-1}	功率表 P_1 /kW	扬程 $H=\Delta Z+\frac{P_M}{\gamma}+\frac{P_V}{\gamma}$ /m	有效功率 $N_e=\gamma QH$ /kW	轴功率 $N=P_1\eta_N$ /kW	效率 $\eta=\frac{N_e}{N}$ /%	
1									
2									
3									
4									
5									
6									
7									
8									
9									
10									
11									
12									

表 3 离心泵串联实验记录实验泵编号:AB 泵串联

转速 n=2 850 r/min　　ΔZ=0.72 m

A泵		B泵		串联机组				备注
H /m	Q /(L·s^{-1})	H /m	Q /(L·s^{-1})	P_{VA} /MPa	P_{MB} /MPa	扬程 $H=\Delta Z+\frac{P_{MB}}{\gamma}+\frac{P_{VA}}{\gamma}$ /m	Q /(L·s^{-1})	

表 4　　离心泵并联实验记录实验泵编号:AB 泵并联

转速 n=2 850 r/min　　ΔZ=0.72 m

A泵		B泵		串联机组				备注
H /m	Q /(L·s^{-1})	H /m	Q /(L·s^{-1})	P_{VA} /MPa	P_{MB} /MPa	扬程 $H=\Delta Z+\frac{P_M}{\gamma}+\frac{P_V}{\gamma}$ /m	Q /(L·s^{-1})	

实验 20 离心式风机性能实验

一、实验目的

(1) 学习离心式风机性能参数的测量及绘制性能曲线的方法。

(2) 学习绘制无因次性能曲线的方法。

二、实验装置

实验台采用排气式实验系统,如图 1 所示。

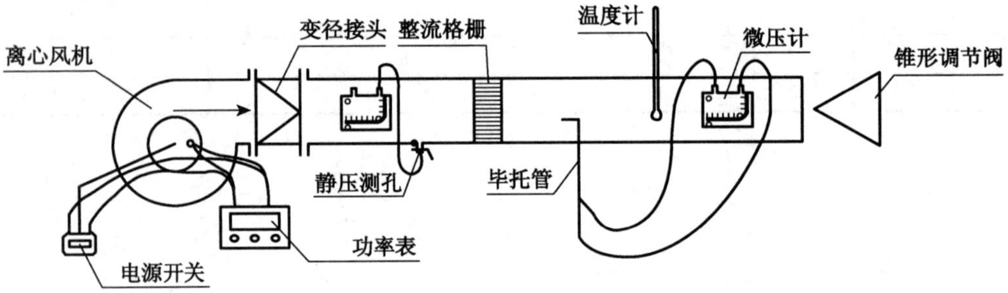

图 1 离心式风机性能实验系统

三、实验原理

实测风机在定转速下,风压、轴功率、效率随流量的变化规律,绘制性能曲线和无因次性能曲线。

1. 流量

风机排风管直径 $d = 180$ mm,划分为 3 个等面积的同心环,取每环面积的等分圆周线为测速点的位置线(表 1),以测点的流速为该环的平均流速(图 2)。

表 1　　风机流速测点位置

测点	距中心 R/mm	距管壁 X/mm
1	82.16	7.84
2	63.64	26.36
3	36.74	53.26

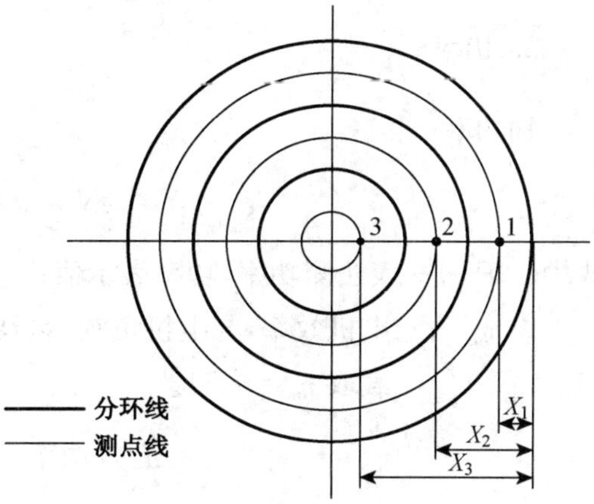

图 2　风机流速测点分布

测点流速由测量毕托管量测

$$u_i = \sqrt{2\frac{p_{di}}{\rho}}\ (\mathrm{m/s})$$

流量

$$\begin{aligned} Q &= \frac{A}{3}\left(\sqrt{2\frac{p_{d1}}{\rho}} + \sqrt{2\frac{p_{d2}}{\rho}} + \sqrt{2\frac{p_{d3}}{\rho}}\right) \\ &= A\sqrt{\frac{2}{\rho}}\left(\frac{\sqrt{p_{d1}} + \sqrt{p_{d2}} + \sqrt{p_{d3}}}{3}\right)\ (\mathrm{m^3/s}) \end{aligned} \tag{1}$$

式中　A—— 风道面积 $A = \frac{\pi d^2}{4}(\mathrm{m^2})$；

p_{d1}，p_{d2}，p_{d3}—— 各测点动压(Pa)；

ρ—— 空气密度(kg/m^3)。

2. 全压

$$p = p_2 - p_1 = p_{\mathrm{st}} + p_d\ \ (\mathrm{Pa}) \tag{2}$$

式中　p——风机的全压(Pa)；

p_1——入口全压，排风系统 $p_1 = 0$；

p_2——出口全压；

p_{st}——出口静压，静压在管道断面上变化很小，按管壁测孔测量；

p_{d}——平均动压，$p_{\mathrm{d}} = \left(\frac{\sqrt{p_{d1}} + \sqrt{p_{d2}} + \sqrt{p_{d3}}}{3}\right)^2$。

3. 功率

轴功率

$$N = 3P\eta_m \ (\mathrm{kW}) \tag{3}$$

式中 P—— 表法测功率,功率表示值;

η_m—— 电机效率,与电机负载运行状况有关,为简化计算,参照额定效率及运行负载取 $\eta_m=0.71$。

$$有效功率 \quad N_e=PQ\ (\mathrm{W}) \tag{4}$$

4. 效率

$$全效率 \quad \eta=\frac{N_e}{N}\times 100\% \tag{5}$$

$$静压效率 \quad \eta_{st} = \eta\frac{p_{st}}{p} \tag{6}$$

5. 无因次系数

以实验风机为模型,由实测性能参数(Q, p, N),根据相似原理,计算无因次系数。

(1) 流量系数

$$\bar{Q} = \frac{Q}{F_2 u_2} \tag{7}$$

式中 F_2—— 叶轮面积, $F_2 = \frac{\pi D_2^2}{4}(\mathrm{m^2})$;

u_2—— 叶轮出口圆周速度, $u_2 = \frac{\pi D_2 n}{60}(\mathrm{m/s})$;

D_2—— 叶轮出口直径, $D_2 = 300\ (\mathrm{mm})$;

n—— 转速 $n = 1\ 400\ (\mathrm{r/min})$。

(2) 全压系数

$$\bar{p} = \frac{p}{\rho u_2^2} \tag{8}$$

(3) 轴功率系数

$$\bar{N} = \frac{N}{\rho F_2 u_2^3} \tag{9}$$

(4) 效率

$$\eta=\frac{N_e}{N}\times100\% \tag{10}$$

四、实验结果

(1) 应完成实验记录表(表 2)。

(2) 绘制风机性能曲线。

(3) 绘制风机无因次性能曲线。

五、实验步骤及注意事项

(1) 检查实验台系统的完善情况，明确实测项目及仪表的测读方法。

(2) 将量测静压、动压的两个微压计调零；毕托管测头调至对正风向并推至管壁。

(3) 启动风机，关小锥形调节阀(控制静压 p_{st} 约 700 Pa)，待运行稳定后，依次向外拉动毕托管，始终保持测点对正风向，作测点定位(距管壁 $X_1=7.84$ mm，$X_2=26.36$ mm，$X_3=53.26$ mm)，由仪表读取动压(p_{d1}，p_{d2}，p_{d3})、静压 p_{st}。功率 p 示值并记录。逐次开大锥形调节阀，按以上步骤测量动压(p_{d1}，p_{d2}，p_{d3})，静压 p_{st} 及功率 P 并记录，共重复 7～10 次。

(4) 在实验过程中，功率表读值略有波动，应取其均值。

(5) 实验结束，关机，切断电源。

(6) 本实验机组高电压(380 V)，高转速(1 400 r/min)运行，停机切断电源前，实验人员禁止触摸电机，切实注意安全。

风机型号：叶轮出口直径 D_2=________；转速 n=________；

实验日期：__________，气温：__________。

表 2　　**实验记录表**

<table>
<tr><td colspan="8">实测值</td><td colspan="6">计算值</td><td rowspan="3">备注</td></tr>
<tr><td rowspan="2">序号</td><td rowspan="2">静压 P_{st} /(Pa)</td><td colspan="3">动压</td><td rowspan="2">功率表 P /(kW)</td><td rowspan="2">流量 Q (m^3/s)</td><td rowspan="2">平均动压 P_d /Pa</td><td rowspan="2">全压 $P=P_{st}+P_d$ /Pa</td><td rowspan="2">有效功率 $N_e=PQ$ /kW</td><td rowspan="2">轴功率 $N=3P\cdot\eta_d$ /kW</td><td rowspan="2">效率 $\eta=\frac{N_e}{N}$ /%</td><td rowspan="2">静压效率 $\eta=\eta\frac{P_{st}}{P}$ /%</td></tr>
<tr><td>P_{d1}</td><td>P_{d2}</td><td>P_{d3}
(Pa)</td></tr>
<tr><td>1</td><td></td><td></td><td></td><td></td><td></td><td></td><td></td><td></td><td></td><td></td><td></td><td></td><td rowspan="4">动压测点：
X_1=
7.84 mm
X_2=
26.36 mm
X_3=
53.26 mm</td></tr>
<tr><td>2</td><td></td><td></td><td></td><td></td><td></td><td></td><td></td><td></td><td></td><td></td><td></td><td></td></tr>
<tr><td>3</td><td></td><td></td><td></td><td></td><td></td><td></td><td></td><td></td><td></td><td></td><td></td><td></td></tr>
<tr><td>4</td><td></td><td></td><td></td><td></td><td></td><td></td><td></td><td></td><td></td><td></td><td></td><td></td></tr>
</table>

(续表)

实测值							计算值						备注
序号	静压 P_{st} /(Pa)	动压 P_{d1} (Pa)	动压 P_{d2} (Pa)	动压 P_{d3} (Pa)	功率表 P /(kW)	流量 Q (m³/s)	平均动压 P_d /Pa	全压 $P=P_{st}+P_d$ /Pa	有效功率 $N_e=PQ$ /kW	轴功率 $N=3P\cdot\eta_d$ /kW	效率 $\eta=\frac{N_e}{N}$ /%	静压效率 $\eta=\eta\frac{P_{st}}{P}$ /%	
5													动压测点: $X_1=$ 7.84 mm $X_2=$ 26.36 mm $X_3=$ 53.26 mm
6													
7													
8													
9													
10													
11													
12													

六、思考题

(1) 本实验分环测量流量的原理。

(2) 结合实验结果,定性归纳离心式风机全压、轴功率、效率随流量变化的规律。

(3) 绘制无因次性能曲线的原理。

实验 21　矩形弯管内的流动实验

一、实验目的

(1) 熟悉流体经弯道时沿流压力变化规律。

(2) 测定沿流内外侧壁压强分布及压力系数。

(3) 测定沿断面径向的压强分布及压力系数。

二、实验装置

装置如图 1 所示。在弯道内壁及外壁各开等间距的测压孔 10 个，另在弯管断面径向开等间距 9 个测压孔，在弯管进口开一参考测压孔，流体从稳压箱经收缩段流入实验弯管后排入大气。

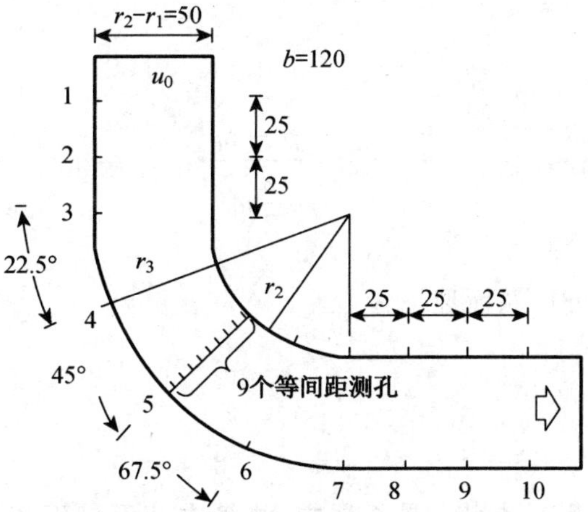

图 1　矩形弯管实验配置图

三、实验基本原理

(1) 若将流体流经弯管的流动当作理想流体平面势流运动，则沿弯道的切向流速 u 呈双曲线分布：

$$u = \frac{c}{r} \tag{1}$$

式中 u——曲率半径为 r 处的切向流速(m/s);

r——曲率半径(m);

c——常数,由连续性方程确定 $c = u_0 \dfrac{r_2 - r_1}{\ln\left(\dfrac{r_2}{r_1}\right)}$。 (2)

故断面相对速度分布为

$$\frac{u}{u_0} = \frac{r_2 - r_1}{r \ln\left(\dfrac{r_2}{r_1}\right)} \tag{3}$$

式中 u_0——入口流速;

r_1, r_2——内外侧壁的曲率半径。

(2) 当对平面势流的入口及 s—s 断面某 r 处(压强 p_1,速度 u)的流体列能量方程:

$$p_0 + \frac{\rho}{2}u_0^2 = p + \frac{\rho}{2}u^2 \tag{4}$$

则有压力系数为

$$c_p = \frac{p - p_0}{\dfrac{\rho}{2}u_0^2} \tag{5}$$

式中,p_0,u_0 为入口的静压及流速。

四、实验步骤

(1) 检查调整多管测压计水泡是否居中,测管中液面是否齐平,确定测压管倾角 α(α 为测压管与铅垂方向夹角)。

(2) 将稳压箱.参考孔及外侧壁 10 个测孔分别用橡皮管与多管测压计连接。

(3) 接通电源,开机,打开风门,记录各测压管读数。

(4) 将外侧壁 10 根橡皮管移到内侧壁 10 个测孔上,记录各测压管读数。

(5) 测定径向 9 个测孔上的压强读数,记录各测压管读数(表 1)。

(6) 关闭风门,停机,切断电源,收拾好各种仪器设备。

五、实验成果及要求

班级:________,姓名:________,学号:________,

实验日期:________年________月________日

大气压强 p_0 = ________(Pa),气流温度 t = ________(℃)

密度 ρ = ________(kg/m^3),稳压箱全压读数 $p_气$ = ________(Pa)

参考孔静压 p_0 = ________(Pa),校正系数 φ 取 1。

入口动压 $\frac{1}{2}\rho u_0^2 = \varphi(p_气 - p_0)$ = ________(Pa)

表 1　记录表格和计算表格

测孔	外侧壁面		内侧壁面		径向截面	
	p/Pa	$c_p=\frac{p-p_0}{\frac{1}{2}\rho u_0^2}$	p/Pa	$c_p=\frac{p-p_0}{\frac{1}{2}\rho u_0^2}$	p/Pa	$c_p=\frac{p-p_0}{\frac{1}{2}\rho u_0^2}$
1						
2						
3						
4						
5						
6						
7						
8						
9						
10						

六、思考题

(1) 流体通过弯管时沿流动方向上,在内外侧壁的压强分布有何特点?

(2) 当流体通过弯管时,在断面径向压强分布有何特点?

实验 22　平板附面层实验

一、实验目的

(1) 测定平板附面层(边界层)断面流速分布。

(2) 熟悉平板附面层沿流发展的特征。

二、实验装置

(1) 在收缩段出口处的实验段中部,垂直安装一块铝制平板(壁面一侧光滑,另一侧为均匀粗糙),该板可沿实验段上下滑动。

(2) 实验段出口装置有精密毕托管,可在 y 向移动,以测出附面层速度变化(毕托管通过橡皮管连接多管测压计)。

(3) 毕托管 y 向移动位置由千分卡尺横向移动装置确定,并附有接触指示灯。

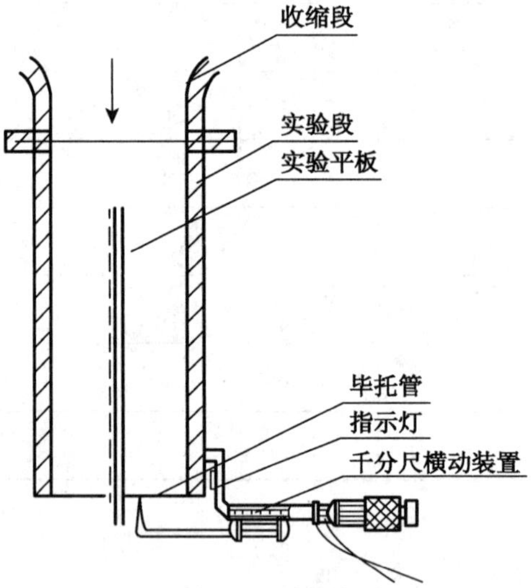

图 1　平板附面层实验装置图

三、实验基本原理

实际流体存在黏性,紧贴壁面的流体将黏附于固体表面,其相对速度为零。沿壁面法向随着与壁面距离的增长，流体速度逐渐增加，在距离达 δ 处，流速达到未受扰动的主流流速 u_0，这个厚度为 δ 的薄层叫作边界层(附面层)。通常规定以壁面到 $u=0.99u_0$ 处的这段距离作为边界层厚度 δ。

边界层的厚度沿平板长度方向是顺流渐增。在平板迎流的前段是层流边界层；如果平板足够长，则边界层可以过渡到紊流边界层，从层流到紊流的过渡，决定于 Re 的大小，故用临界雷诺数 $Re_k=\frac{ux}{\nu}$ 来判断过渡位置。

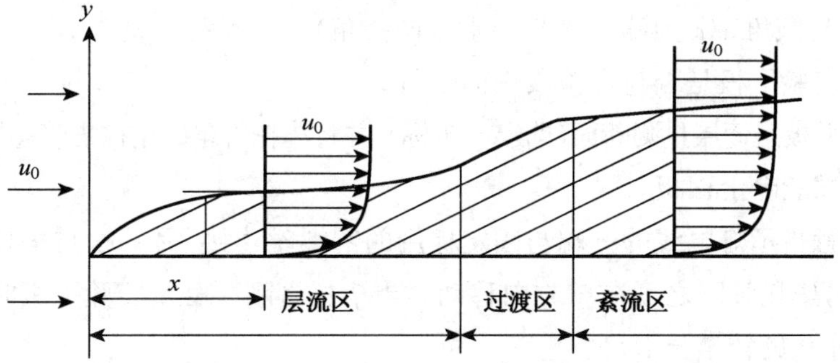

图2　平板边界层的一般特征

1. 位移厚度 δ_1

由于边界层的存在，流速降低，使通过的流量减少，减少的流量挤入边界层外部，迫使边界层外部的流线向外移动了一定的距离，这个距离称为边界层的位移厚度，用 δ_1 表示。

由于位移厚度的影响，实际上 $u_0>u_\infty$，但本实验中位移厚度小，故近似取 $u_0=u_\infty$。

即
$$u_{01}=\int_0^\infty (u_0-u)\mathrm{d}x \tag{1}$$

$$\delta_1=\int_0^\infty\left(1-\frac{u}{u_0}\right)\mathrm{d}y=\int_0^\delta\left(1-\frac{u}{u_0}\right)\mathrm{d}y \tag{2}$$

2. 动量损失厚度 δ_2

由于流速的降低使得通过边界层区域的流体动量减少，在边界层内实际的流量为 $\int_0^\infty u\mathrm{d}y$，动量为 $\int_0^\infty u^2\mathrm{d}y$。如果设想流速未受到阻滞，为理想流体的流速 u_0，则动量为 $\int_0^\infty uu_0\mathrm{d}y$，二者之差 $\int_0^\infty (uu_0-u^2)\mathrm{d}y$，相当于一个厚度为 δ_2 的流体层当流速为 u_0 时所具有的动量。

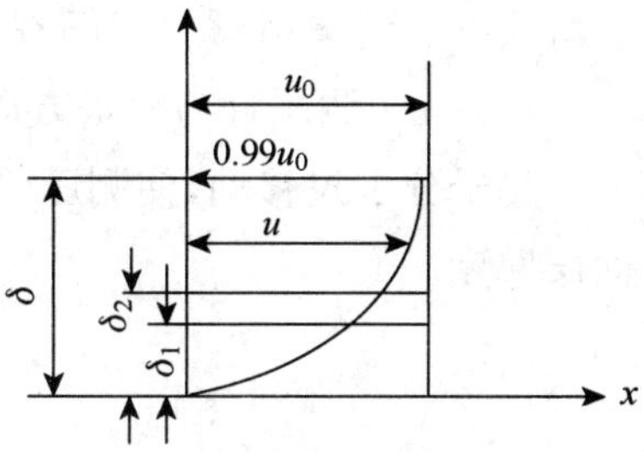

图3　流速分布图

即
$$\rho u_0^2\delta_2=\rho\int_0^{\infty}(uu_0-u^2)\mathrm{d}y \tag{3}$$

$$\delta_2=\int_0^{\infty}\frac{u}{u_0}\left(1-\frac{u}{u_0}\right)\mathrm{d}y=\int_0^{\delta}\frac{u}{u_0}\left(1-\frac{u}{u_0}\right)\mathrm{d}y \tag{4}$$

四、实验步骤

(1) 检查测压计水泡是否居中，玻璃管中指示液是否齐平，根据实验需要，调整好测压计液面高度与倾角 α(α 为测压管与铅垂方向夹角)。

(2) 检查实验平板是否与实验段壁面平行。

(3) 确定平板附面层量测断面(选定 x 坐标)，并将毕托管尾部用橡皮管连接到测压计上。

(4) 拿开试验台上面板。

(5) 将接触指示灯电线的一端与固定板用的铜螺丝连接，另一端与毕托管连接，缓慢旋转千分卡尺，毕托管随之可在 y 方向移动。当毕托管刚一触及实验平板时，指示灯即发出亮光，立即停止旋转千分卡尺。

(6) 接通电源，开机，打开风门，进入测试。

(7) 记录千分卡尺亮灯时的千分卡初读数 y' 和测压计初读数。

(8) 反向旋转千分卡尺(此时亮灯熄灭，示意毕托管在 y 方向离开实验平板)，每反旋 0.05 mm千分尺读数时，记录下此时的 y'' 及相应测压计读数(此时在 y 方向有不同测点读数)。由实验平板 y 方向测定 15～20 个测点。

(9) 在收缩段末尾，实验段入口，测出来流速度 u_0，并换算相应的流速 $u=0.99u_0$(δ 标定值) 及对应的测压管读数 Δh

$$\Delta h=\frac{1}{\varphi^2}\cdot\frac{r_2}{r_1}\cdot\frac{1}{\cos\alpha}\cdot\frac{u^2}{2g} \tag{5}$$

式中 φ——毕托管校正系数(取 1)；

r_1——测压管指示液容重(N/m^3)；

r_2——来流(空气)的容重(N/m^3)；

α——测压管与铅垂方向夹角；$u=0.99u_0$(m/s)。

当千分卡尺移动，使测压管高差亦为 Δh 时，立即停止旋转千分卡，这时的 y 值即为附面层厚度

$$\delta=(y''-y')+\frac{b}{2} \tag{6}$$

式中 b——毕托管端头厚度；

y'——测压管的千分卡尺初读数；

y''——最后测压管高度差读数为 Δh 时的千分卡读数。

上述计算可参见图 4。

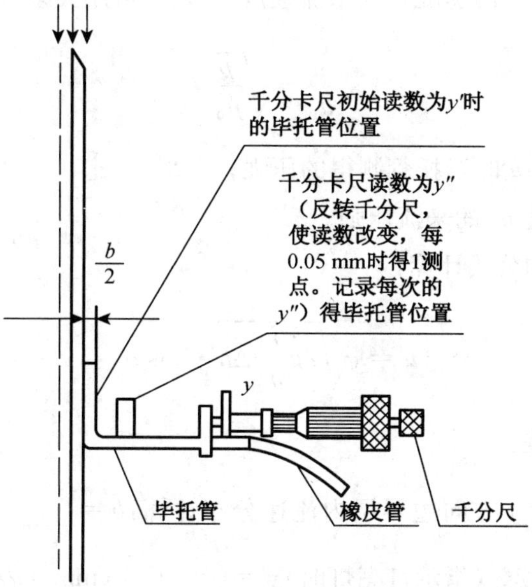

图 4　某断面上 y 向测点图

(10) 为观测附面层沿平板发展：$\delta_x = f(x)$，松动平板固定螺丝，使实验平板可在 x 向自由移动，每选定一个 x 位置后，重复实验步骤(9)，便可观测到不同 x 处的 δ_x 情况。

(11) 记录稳压箱中压强，大气温度及大气压。

(12) 实验结束后关闭风门，停机，切断电源，收拾好各种仪器，使设备恢复原状。

五、实验成果及要求

班级：________，姓名：________，学号：________，

实验日期：________年________月________日。

实验记录及成果计算：

气体温度 $t =$ ________(℃)，大气压强 $p_a =$ ________(Pa)，

稳压箱压强 $p_0 =$ ________(Pa)。

气体压强＝________(kg/m³)，气体容重 $\gamma_2 = \rho g =$ ________(N/m³)。

测压管指示液容重 $\gamma_1 =$ ________(N/m³)，毕托管校正系数 φ 取 1，

测压管与铅垂方向夹角 $\alpha =$ ________，$\cos\alpha =$ ________，

气体动力黏滞系数 $\mu =$ ________($\times 10^{-5}$ Pa·s)，

运动黏滞系数 $\nu = \dfrac{\mu}{\rho} =$ ________($\times 10^{-6}$ m²/s)，

实验平板长度 $L=300$(mm)，

毕托管端头宽度 $b=$________(mm)。

某一断面上任意点 y 的速度 u 与来流速度 u_0 之比可用关系式得到

$$\frac{u}{u_0}=\sqrt{\frac{p}{p_0}} \tag{7}$$

式中　P—— 对应流速 u 时毕托管测得的压强；

p_0—— 对应流速 u_0 的来流压强。

u 及 u_0 可用下面的公式计算：

$$u=\varphi\sqrt{2g\frac{r_1}{r_2}\Delta h\cdot\cos\alpha} \tag{8}$$

式中，Δh 为测得压头差。

光滑实验平板壁面 y 方向边界层内流速分布计算：$b=$________(mm)，$R_l=\frac{u_0L}{\nu}=$________，千分卡尺初读数(指示灯亮灯时)$y'=$________(mm)(表 1)。

表 1　　　　**实验记录表**

测点	各测点千卡尺读数 y''/mm	毕托管距实验平板距离/mm	附面层厚度 δ/mm	压力计读数 h_1/mmH_2O	测得压差 Δh/mmH_2O	$\frac{u}{u_0}$	$\frac{y'}{\delta}$
1							
2							
3							
4							
5							
6							
7							
8							
9							
10							
11							
12							
13							
14							
15							

六、思考题

(1) 什么是附面层？如何标定它？

(2) 附面层内流体质点做什么运动？

(3) 附面层 δ 沿流(沿 x 向)是如何发展的？

实验 23　流体横向绕流圆柱体实验

一、实验目的

(1) 测定流体横向绕流圆柱体时,圆柱表面压力系数的分布线。

(2) 用重量法测定圆柱体的绕流阻力。

二、实验装置

(1) 绕流圆柱体的实际压力分布曲线测定装置如图 1 所示。在收缩段末端装置实验段,圆柱体被安置在带有刻度盘的壁上,可绕轴旋转,使柱壁测压孔(感受孔)的轴线指向不同角度,测孔与多管测压计相连,就能测出圆柱表面的压强分布。

(2) 用重量法测定圆柱体绕流阻力测定圆柱体的绕流阻力装置如图 2 所示。圆柱体一端通过实验段壁面上孔口伸出,与天平连接,天平上设有调零装置,当气流绕过圆柱时,通过天平可称出不同流量下的阻力。

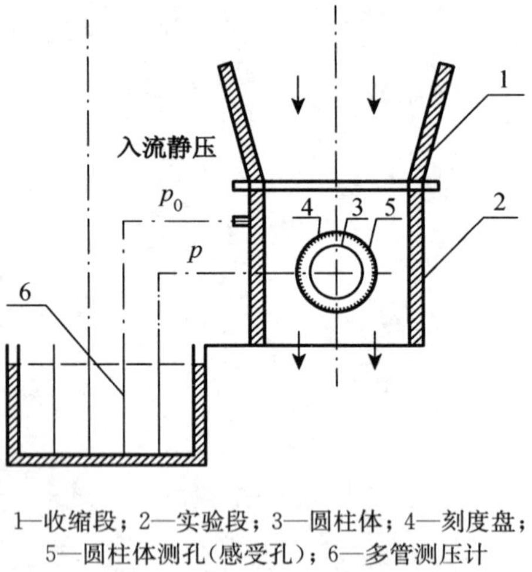

1—收缩段;2—实验段;3—圆柱体;4—刻度盘;
5—圆柱体测孔(感受孔);6—多管测压计

图 1　圆柱绕流压力分布的测定

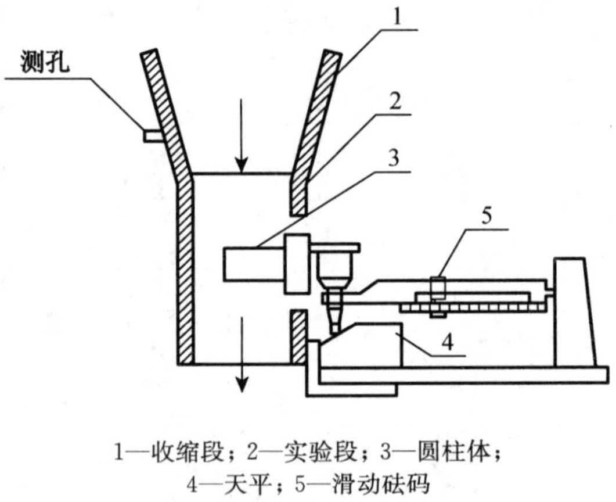

1—收缩段;2—实验段;3—圆柱体;
4—天平;5—滑动砝码

图 2　重量法测定圆柱体绕流阻力

三、实验基本原理

(1) 理想流体绕流圆柱体时,圆柱体表面流速:

$$\begin{cases} U_r = 0 \\ U_\theta = -2U_\infty \sin\theta \end{cases} \tag{1}$$

对元流 1—1，2—2 列能量方程，并以式(1)代入可得：

$$p - p_\infty = \frac{1}{2}\rho U_\infty^2 (1 - 4\sin^2\theta) \tag{2}$$

令压力系数 $C_p = 1 - 4\sin^2\theta$，则

$$C_p = \frac{p - p_\infty}{\frac{1}{2}\rho U_\infty^2} \tag{3}$$

因来流的速度 U_∞ 及压强 p_∞ 一定，故 C_p 是任意点压强 p 的函数

$$C_p = f(p) \tag{4}$$

当测出圆柱表面不同角度处的压强(静压) p，算出 $p - p_\infty$ 及来流动压 $\frac{\rho}{2}U_\infty^2$ 后，即可得表面压力系数 C_p 的分布曲线(图 3)。

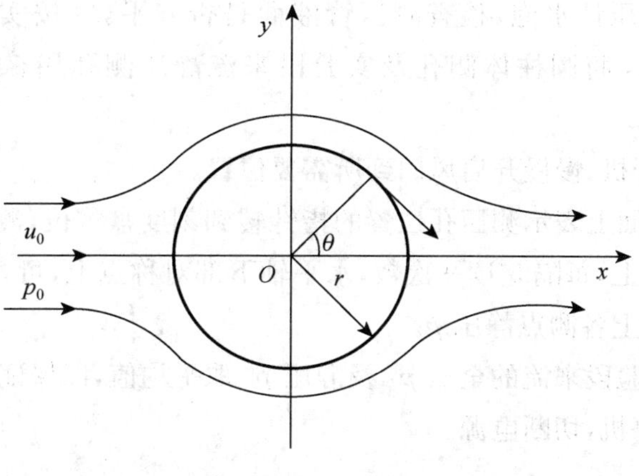

图 3 理想流体绕圆柱体流动示意图(动力黏度 $\mu = 0$)

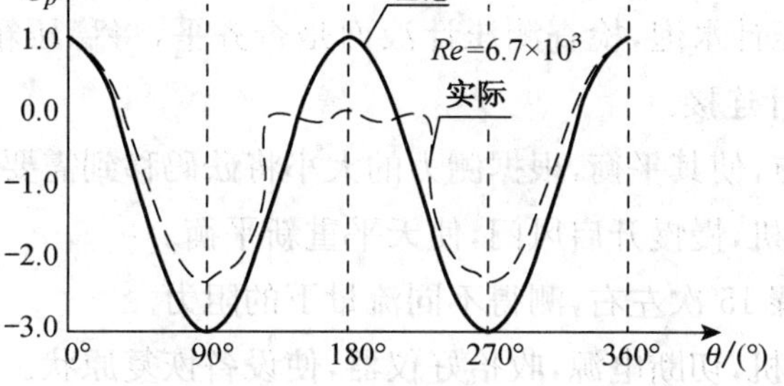

图 4 理论及实际压力分布曲线

(2) 按黏性 $\nu=0$，理论压力分布线沿圆周积分，不管流体速度多大，整个圆柱体在流体中不受力，这与实际情况 ($\nu>0$) 出入较大。实际流体由于黏性存在，当流体横向绕流柱体时，在柱体表面要产生摩擦及附面层分离，从而产生绕流阻力(形状阻力及摩擦阻力，后者在这里是次要的)，因此实际压力分布曲线与理论的分布曲线不一致，只是在前驻点附近±30°左右区域两者才基本相同，在其他范围有较大出入。实际压力分布曲线在柱体前后分布的不对称性，说明了实际绕流中流体对被绕流的柱体有一沿流向的推力(即为绕力阻力)。

(3) 若将圆柱体的一端与天平相连，当流体绕过圆柱体流动时，流体对圆柱体施加作用力 F，圆柱体对流体有一反作用力 R，它们大小相等方向相反，且随流量变化而改变。调节流量，用天平测出不同流量时的阻力。

四、实验步骤

1. 调节装置

(1) 装好如图 1 所示的实验段。

(2) 调平多管测压计水泡，检查测压管液面是否齐平，并按实验需要调好测压计的液面高度及倾角 α，将圆柱体测孔及实验段来流静压测孔用橡皮管与多管测压计连接。

(3) 接通电源、开机、慢慢开启风门到所需要位置。

(4) 将圆柱体壁面上表示测压孔位置的指针转到刻度盘零位，测出压强 p，测点选取在水平轴上部对称点上，每隔 5°读一次数，水平轴下部对称点上，可每隔 10°读一次数，即可测出圆柱圆周壁面上各测点静压 p。

(5) 经常观察实验段来流的全压 $p_{全}$ 及静压 p_0 取平均值，以保证有稳定值。

(6) 关闭风门，停机，切断电源。

2. 实验步骤

(1) 装好如图 2 所示的实验段及天平。

(2) 调平多管测压计水泡，检查测压计液面是否齐平，将稳压箱(测来流 $p_{全}$)及收缩段测孔橡皮管与测压计连接。

(3) 调节天平零点，使其平衡，根据测力的大小将砝码移到需要位置。

(4) 接通电源，开机，慢慢开启风门，使天平重新平衡。

(5) 重复上述步骤 15 次左右，测得不同流量下的阻力。

(6) 关闭风门，停机，切断电源，收拾好仪器，使设备恢复原状。

五、思考题

(1) 通过实验测得的绕圆柱体流动的柱面压力分布曲线与理论上有什么不同？为什么？

(2) 绕流阻力系数 C_d 与雷诺数 Re 的关系怎样？

(3) 绕流阻力和流速、流量、柱面糙度一定成正比吗？为什么？

实验 24　紊流射流实验

一、实验目的

(1) 观察射流结构及速度分布情况。

(2) 测定紊流系数 a。

二、实验装置

如图 1 所示装置配有三种不同的射流喷口,实验时可任取其中 1～2 种喷口进行。

圆柱形喷嘴 $r_0 = 15$ mm, 收缩形喷嘴 $r_0 = 15$ mm, 扁形(条缝形)喷嘴:$b_0 = 3.5$ mm(喷口半宽), $l = 140$ mm(喷口长)

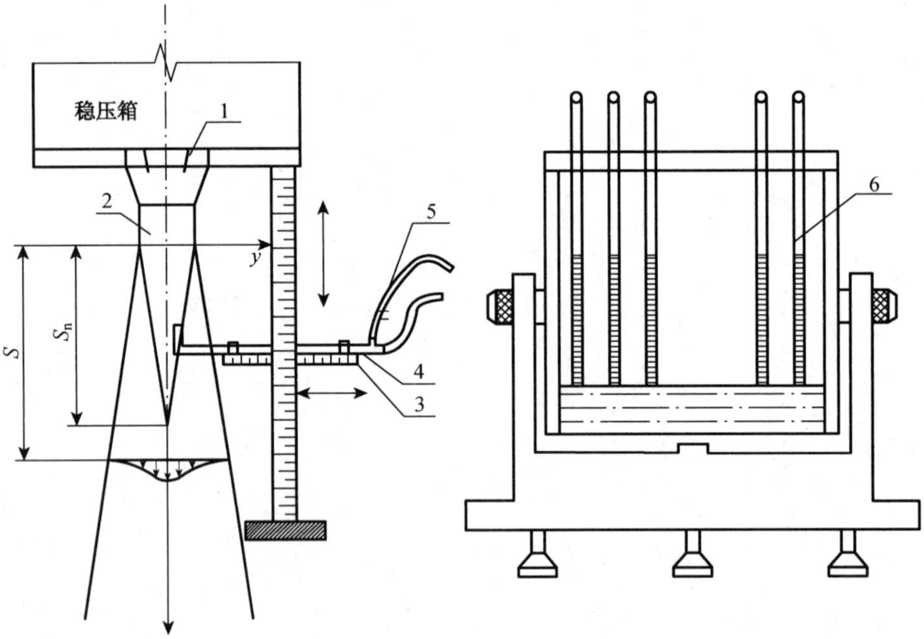

1—稳压箱; 2—射流喷嘴; 3—测量标尺(横向、纵向); 4—毕托管; 5—橡皮管; 6—多管测压计

图 1　紊流射流实验装置图

三、实验基本原理

(1) 射流起始段及基本段上各断面(射程)上的无因次速度随无因次坐标的分布具有相似性,可用射流运动特征公式表示:

$$\frac{v}{v_m}=\left[1-\left(\frac{y}{R}\right)^{1.5}\right]^2 \tag{1}$$

由此验证无因次速度分布的相似性。

(2) 射流基本段轴心速度公式:

圆射流:

$$\frac{v_m}{v_0}=\frac{0.965}{\frac{\alpha S}{r_0}+0.294} \tag{2}$$

扁射流:

$$\frac{v_m}{v_0}=\frac{1.2}{\sqrt{\frac{\alpha S}{b_0}+0.41}} \tag{3}$$

式中 r_0 ——圆射流出口半径(m);

b_0 ——扁射流出口半宽(m);

S ——射流之射程(m);

v_0 ——喷口处流速(m/s)。

将基本段(射程)内选取 3 个横断面,将所测得各断面的 v_m, S 及喷口处的 v_0 及 r_0(或 b_0)代入式(3),便可得出 3 个 α 值,取平均值即得紊流系数 α。

四、实验步骤

(1) 检查及调整实验设备(毕托管与测量标尺是否固定好,测量标尺固定螺丝是否松动,多管测压计水泡是否居中等)。

(2) 根据实验要求,调整多管测压计液面高度,是否齐平,确定倾角 α。

(3) 将毕托管用橡皮管与测压计连接(此时各玻璃管液位同高)。

(4) 去掉实验台上面板,接通风机电源,开机。

(5) 打开风门,将毕托管放到测定点进行测定[出口速度、不同 S 射程与断面面速度,轴心速度(均由动压换算而得)]。

(6) 测定大气压和气温。

(7) 实验完毕后关闭风门、停机、切断电源,收好仪器设备,使设备恢复原状。

五、实验成果及要求

班级________,姓名________,学号________。

实验日期________年________月________日

记录表格和计算表格

气体温度 $t=$________(℃);大气压强 $p=$________(Pa);稳压箱压强 $p_0=$________(Pa);

气体密度 $\rho=$________$(\mathrm{kg/m^3})$;气体容重 $\gamma_2=\rho\cdot g=$________$(\mathrm{N/m^3})$;测压管指示液容重 $\gamma_1=$________$(\mathrm{N/m^3})$;

毕托管校正系数 φ 取 1,测压管与铅垂方向夹角 $\alpha=$________; $\cos\alpha=$________,射流出口断面上全压读数 $h_{01}=$________(m);静压读数 $h_{02}=$________(m);动压 $\Delta h=h_{01}-h_{02}=$________(m);

出口速度:$v_0=\varphi\sqrt{2g\dfrac{r_1}{r_2}\cdot\Delta h\cdot\cos\alpha}=$________(m/s)。

实验结果(表 1):

(1) 画出射流主体段横断面上的流速分布图及无因次速度分布图各一张。

(2) 射流喷口紊流系数 α 值(取三次平均值)。

$$对圆射流:\alpha=0.294\,\frac{r_0}{s}\left(3.282\,\frac{v_0}{v_\mathrm{m}}-1\right)$$

射流出口速度 $v_0=$________(m/s);出口半径(半宽)$r_0(b_0)=$________(m);起始段长度 $S_\mathrm{n}=$________(m)。

表 1 **实验记录表**

<table>
<tr><th rowspan="2">断面号</th><th rowspan="2" colspan="2">测量项目</th><th colspan="10">测点编号</th></tr>
<tr><th>$(v=0)$
边界</th><th>3</th><th>2</th><th>1</th><th>$(v_\mathrm{m})M$</th><th>1′</th><th>2′</th><th>3′</th><th>$(v=0)$
边界</th><th></th></tr>
<tr><td rowspan="7">1—1
$S=$
$R=$</td><td colspan="2">测点距射流心距离 y</td><td></td><td></td><td></td><td></td><td></td><td></td><td></td><td></td><td></td><td></td></tr>
<tr><td rowspan="3">多管测压计读数</td><td>全压 h_1</td><td></td><td></td><td></td><td></td><td></td><td></td><td></td><td></td><td></td><td></td></tr>
<tr><td>静压 h_2</td><td></td><td></td><td></td><td></td><td></td><td></td><td></td><td></td><td></td><td></td></tr>
<tr><td>动压 $\Delta h=h_1-h_2$</td><td></td><td></td><td></td><td></td><td></td><td></td><td></td><td></td><td></td><td></td></tr>
<tr><td colspan="2">测点射流速度 $v=\varphi\sqrt{2g\dfrac{r_1}{r_2}\cdot\Delta h\cdot\cos\alpha}$</td><td>0</td><td></td><td></td><td></td><td></td><td></td><td></td><td></td><td></td><td></td></tr>
<tr><td colspan="2">$\dfrac{v}{v_\mathrm{m}}$</td><td></td><td></td><td></td><td></td><td></td><td></td><td></td><td></td><td></td><td></td></tr>
<tr><td colspan="2">$\dfrac{y}{R}$</td><td></td><td></td><td></td><td></td><td></td><td></td><td></td><td></td><td></td><td></td></tr>
</table>

（续表）

断面号	测量项目		测点编号									
			$(v=0)$ 边界	3	2	1	$(v_m)M$	$1'$	$2'$	$3'$	$(v=0)$ 边界	
2—2 $S_n=$ $R_n=$	测点距射流心距离 y											
	多管测压计读数	全压 h_1										
		静压 h_2										
		动压 $\Delta h=h_1-h_2$										
	测点射流速度 $v=\varphi\sqrt{2g\frac{r_1}{r_2}\cdot\Delta h\cdot\cos\alpha}$		0									
	$\frac{v}{v_m}$											
	$\frac{y}{R}$											
3—3 $S=$ $R=$	测点距射流心距离 y											
	多管测压计读数	全压 h_1										
		静压 h_2										
		动压 $\Delta h=h_1-h_2$										
	测点射流速度 $v=\varphi\sqrt{2g\frac{r_1}{r_2}\cdot\Delta h\cdot\cos\alpha}$		0									
	$\frac{v}{v_m}$											
	$\frac{y}{R}$											
4—4 $S=$ $R=$	测点距射流心距离 y											
	多管测压计读数	全压 h_1										
		静压 h_2										
		动压 $\Delta h=h_1-h_2$										
	测点射流速度 $v=\varphi\sqrt{2g\frac{r_1}{r_2}\cdot\Delta h\cdot\cos\alpha}$		0									
	$\frac{v}{v_m}$											
	$\frac{y}{R}$											

六、思考题

(1) 为什么用无因次量来分析射流的运动?

(2) 测定所得的 α 值与教材给出 α 值相比较,有何异同并分析原因。

实验25 机翼的空气动力特性曲线实验

空气动力学研究的是气体流动问题。由于在实践中的广泛应用，这方面的理论研究已较完善。本实验通过“空气动力仪”对空气流的多个项目进行测试，使读者能够全面、深入地学习、理解“空气动力学”中的主要内容。

风洞是经过特殊设计的一种管道，用动力设备或其他装置在管道内形成压力差，借以推动管道内部的气体运动，形成人工可以控制的气流，用来进行空气动力试验和其他研究的试验设备。

风洞按试验段流速大小可分为以下六种：

(1) 低速风洞：试验段马赫数 $M<0.2$ 风洞皆属之，特点是不考虑空气的压缩性，只考虑空气的黏滞性影响。

(2) 高亚音速风洞：试验段马赫数 M 在 0.37～0.8 范围内的风洞数值。这类风洞试验既要考虑空气动力的黏性影响，又要考虑空气的压缩性影响。

(3) 跨高速风洞：试验段马赫数 M 在 0.8～1.4 范围内的风洞数值。试验要考虑空气的黏性和压缩性影响。

(4) 超音速风洞：试验段马赫数 M 在 1.4～5.0 之间，试验主要考虑压缩性影响。

(5) 高超音速风洞：试验段马赫数 $M=5.0$～10 的风洞。

(6) 极高超音速风洞：试验段马赫数 M 大于 10 以上的风洞。

本实验室的小风洞为低速风洞，主要适应于理工课流体力学专业及相关课程的实验演示与研究，还能形象地说明大型风洞系统对汽车、舰船、飞行器等交通工具和高速运动体的模拟测试方法与航空物理方面的知识。

一、实验目的

(1) 学习、了解“空气动力仪”的基本结构。

(2) 掌握测试流动气体中各种压力的方法。

(3) 验证流体力学的基本定律。

(4) 了解机翼的动力学效应。

二、实验原理

1. 流体动力学的两个基本定律

(1) 连续性方程。如图 1 所示的细管中,不可压缩流体作稳恒流动。取两个横截面,其面积分别为 A_1 和 A_2。设 v_1 和 v_2 是这两个横截面处流体的流速。如流体的密度 ρ,则在 $\mathrm{d}t$ 时间内,流进 A_1 的流体质量为 $\rho A_1 v_1 \mathrm{d}t$,流出 A_2 的流体质量为 $\rho A_2 v_2 \mathrm{d}t$。由于质量守恒,则

$$\rho A_1 v_1 \mathrm{d}t = \rho A_2 v_2 \mathrm{d}t \tag{1}$$

这就是流体的连续性方程。

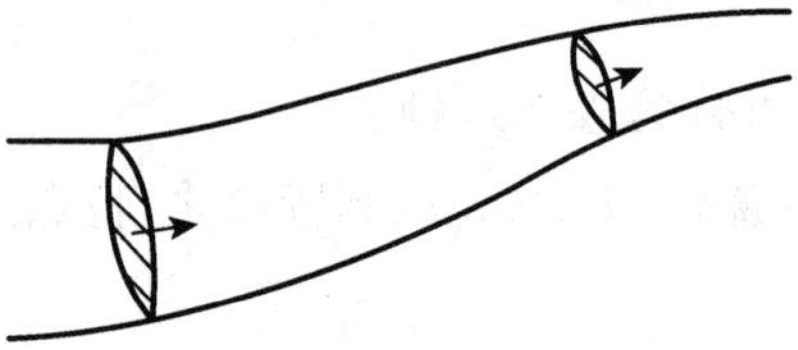

图 1 流体的连续性方程分析图

理想流体是指决不可压缩、完全没有黏性的流体。虽然气体的可压缩性很大,但是就流动的气体而言,很小的压强改变就足以导致气体的流动,不会引起密度的明显变化,所以在研究流动的气体问题时,也可以忽略气体的可压缩性,故可认为密度 ρ 不随时间变化。所以式(1)可简化为

$$A_1 v_1 = A_2 v_2 \tag{2}$$

2. 伯努利方程

对于不可压缩、理想流体沿封闭的细流管中,利用功能原理可证明,流体内任一点恒满足下式

$$p + \rho g y + \frac{1}{2}\rho v^2 = 恒量 \tag{3}$$

式中,p 为绝对压力(断面形心的压强),也称为静压;$\frac{1}{2}\rho v^2$ 称为动压。

3. 流体的压力测量

流动流体中压力的可采用如图 2 所示的方法进行测量。由图 2(a)和图 2(b)所测得的 p 为静压力;由图 2(c)所测得的 p' 为总压力,即 $p' = p + \frac{1}{2}\rho v^2$;由图 2(d)所测得的压力

一般称为动压力，即 $\Delta p = p' - p = \frac{1}{2}\rho v^2$。

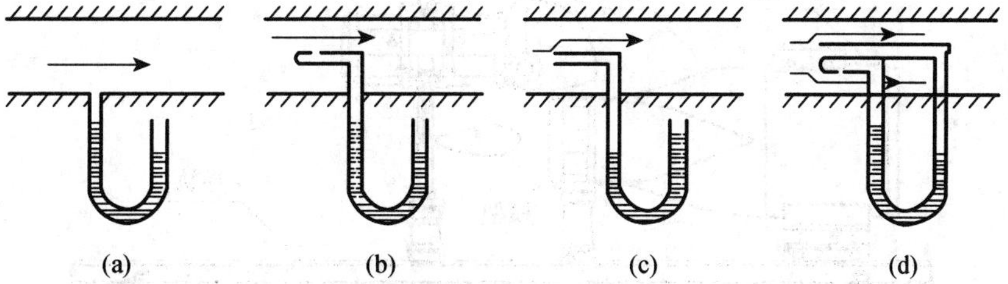

图 2 流体的压力测量图

由伯努利方程可推得，此时流体的流速为

$$v = \sqrt{\frac{2\Delta p}{\rho}} \tag{4}$$

本实验的测量装置放置在风洞中，故 ρ 为风洞中空气的密度，在标准状态下干燥空气的密度为 $\rho = 1.293\ \mathrm{kg/m^3}$。$p$ 为传感头测得的动压力。v 为传感头所在处的风速。

4. 航空物理知识

图 3 表示绕飞机机翼截面形成的流线。从途中可以看出，在机翼上面形成高流速、低压力的区域；在机翼下面几乎保持原来的大气压力。所以机翼在飞行中不但受到与速度方向相反的阻力 F_w，又受到与运动方向垂直的升力 F_a。在一定的飞行速度下，两分力的大小与飞行角度 α 有关。

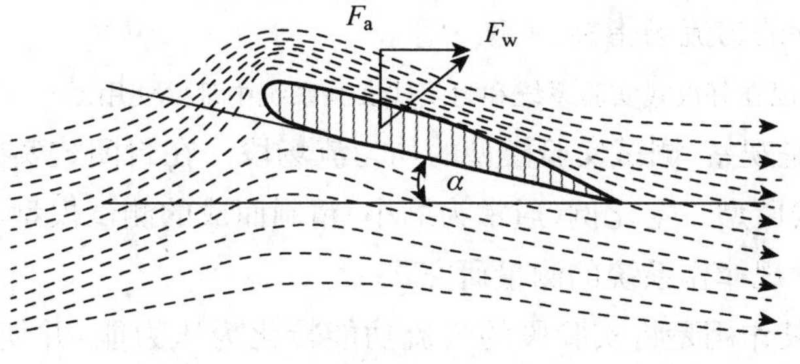

图 3 飞机机翼流线图

三、实验装置

空气动力仪根据实验的设计和要求，可灵活地组构成开放式或封闭式两类实验系统。前者只要将风机的出风口与收缩式流管相接，再配以测量机构即可构成。后者则需将流管和风洞等构件级联成完整的隔离式型的测试系统（图 4、图 5）。

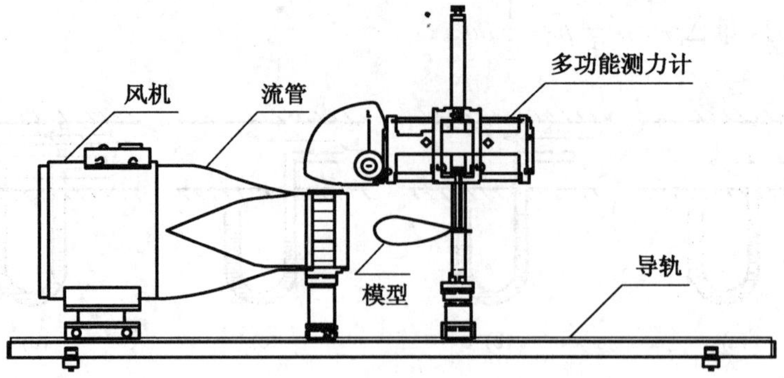

图 4　空气动力仪(开放式实验系统)

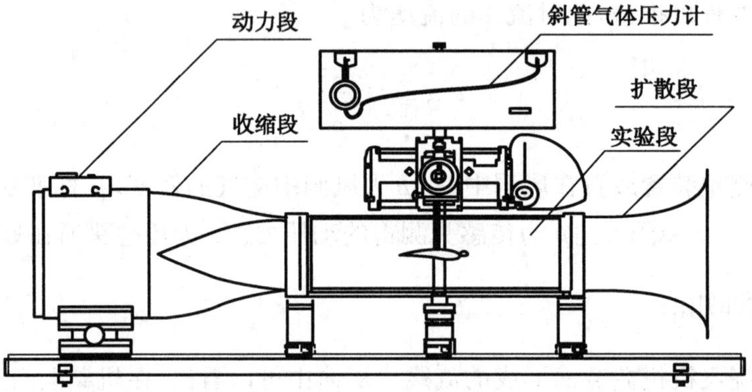

图 5　空气动力仪(封闭式实验系统)

(1) 动力段。经特殊设计的吸压式风机产生一定速度和压力的空气流。

(2) 收缩段。目的在于提高气流速度,并配合阻尼网或蜂窝型整流罩降低气流的湍流度,从而达到较好的匀流场指标。

注:以上(1),(2)段在开放式实验系统和封闭式实验系统中都要使用。

(3) 实验段。是观察、测试实验模型的均匀流场段。在封闭式实验系统中,实验段即是风洞,其中装有按原型一定比例(通常为缩小)精制而成的测试模型,作为对原型的实验模拟,可对其的流动规律作系统的测量研究。

(4) 扩散段。其作用是将实验段的气流功能转化为压力能,并使气流逐渐过渡到大气中,从而可减少管道损耗及出风口的损失,提高风洞效率。

四、实验内容

1. 开放型实验

1) 文丘里管实验(伯努利方程演示)

将文丘里管的 5 个静压测试探头用软管顺次与多管压力计相接,观察文丘里管中探测点的压力分布状态，记录多管压力计中各压力管的液面高度，根据文丘里管的流量计算公式(5)和文丘里管各探测点处的直径，可分别计算各断面处的 $p_n+\rho g y+\frac{1}{2}\rho v^2$，即可演示流体的伯努利方程：

$$Q=\frac{\pi}{4}\frac{D_n^2 d^2}{\sqrt{D_n^4-d^4}}\sqrt{\frac{2\Delta p}{\rho}} \tag{5}$$

式中　d ——文丘里管喉管处的直径(m)；

D_n ——除喉管处外的其余测点处的直径(m)；

Δp ——喉管处与其他各测点处多管压力计中的压差(N/m^2)；

注：文丘里管各测点处的直径分别为 $\phi 100$，$\phi 89$，$\phi 61$，$\phi 50$(mm)。

2) 机翼压力分布实验(观察不同迎角时机翼上下侧的压力分布)

(1) 将机翼气流层模型放置于如图 6 所示的开放式实验系统中。

(2) 用橡皮软管连接机翼的上、下共 10 个测点，依次与多管压力计相连，可观察机翼上下表面的压力分布。图 6 是用向量法表示平飞时的机翼压力分布示意图。

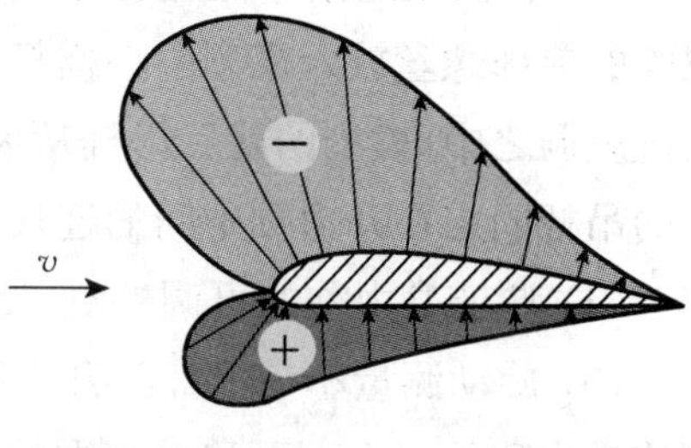

图 6　平飞时机翼压力分布示意图

(3) 改变机翼角度(每 10°测量一次)，观察不同角度下机翼的压力分布情况，根据实验数据判断飞机的最佳角度。

2. 封闭型实验

1) 斜体模块实验(连续性方程验证)

(1) 按封闭式实验系统安装成风洞系统。

(2) 斜体模块的底面有板有 3 根插针，对应插入风洞底板的 3 个插孔中，将斜体模块安放在风洞之中，如图 7 所示。

(3) 以毕托管作压力传感头，使用斜管液体气压计，测试斜面若干标线流场处的风压 Δp 及风速 v 值。

(4) 根据斜体模块各标线处的流场截面积(斜面上印有标度)，计算各测点的流量，验证连续性方程。

2) 升力的测试实验

(1) 按封闭式实验系统安装成风洞系统，如图 8 所示。

(2) 使用多功能测力计的扇形拉(阻)力计和带升力称的测量小车。

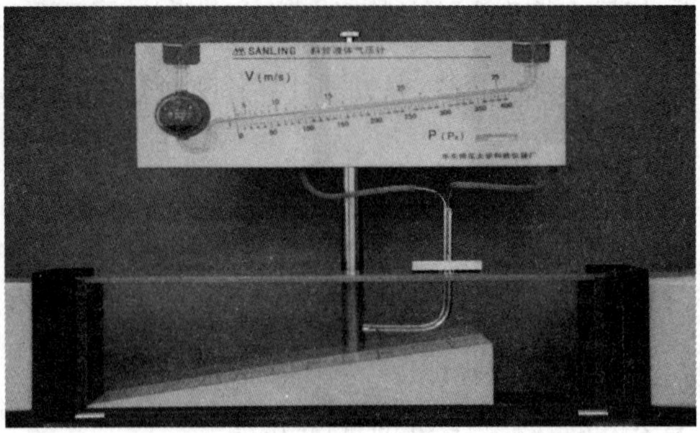

图 7　斜体模块实验装置图

(3) 将模型连接螺栓的后部插入航空器机翼模型中央横杆的后圆孔之中，模型连接螺栓的前部螺丝放入模型中央横杆前部的半圆槽中，拧上模型连接螺栓的延长杆。然后放进风洞之中，模型的前后吊杆从风洞顶板缝槽中穿过，并与测量小车的升力称相连(稍长的吊杆固定在升力称中间的连接点上)。

(4) 调节升力称的可调外盘，使机翼的飞行迎角在 0°的位置。

(5) 旋动测量小车上部的升力称高度调节旋钮(调节时另一手应护住测量小车)，目测使升力称处于上下可移动范围的中间位置。

(6) 调节升力称指针刻度盘，使其置于“0”位。

(7) 开启风机，调节风速，用扇形拉(阻)力计和升力称分别测出模型的阻力 X 和升力 Y；在风速不变的情况下，改变飞行迎角 α(建议从 $+16° \sim -4°$)，逐点测量模型的 X 和 Y。

(8) 保持前面风速不变的情况下，以毕托管作压力传感头，使用斜管液体气压计测出机翼在风洞中的来流速度 v，分别绘出升力系数曲线(C_Y-α)、阻力系数曲线(C_X-α) 和升阻比(K-α) 曲线，其中 $K = \dfrac{Y}{X}$。

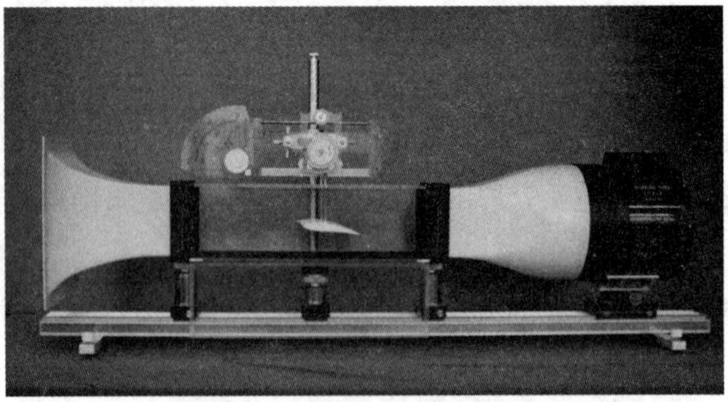

图 8　升力测定实验装置图

升力系数和阻力系数的计算公式见式(6)和式(7)

$$C_Y = \frac{2Y}{\rho v^2 A} \tag{6}$$

$$C_X = \frac{2X}{\rho v^2 A} \tag{7}$$

式中　C_Y ——机翼的升力系数；

C_X ——机翼的阻力系数；

Y ——机翼的升力(N)；

X ——机翼的阻力(N)；

v ——实验段中的来流速度(m/s)；

A ——机翼的表面积(m^2)；

ρ ——流体的密度(kg/m^3)。

注：本实验中机翼的表面积为 1.75×10^{-2}(m^2)。

五、注意事项

(1) 因插件很细，故滑轮小车和升力计在拆卸和安装时，请注意用力方式。

(2) 风机吸入口及风洞的通风口前需有一段开阔区。在低速运转时，风机持续工作时间不要超过 10 min。

(3) 精密压力计内的液体是专用的，安装时请注意防止溢出。不用时请将试管口盖住。

(4) 应用扇形测力计和升力秤测量时，不要超载。

六、思考题

(1) 在文丘里管实验进行中，多管压力计中的液面高度是否对称分布？分析其原因。

(2) 在升力的测试实验中，机翼上产生的升力与迎角的关系如何？在机翼的外形一定、飞行速度一定时，如何获得最大的升力(表 1、图 9—图 11)？

表 1　　**记录表格和计算表格**

机翼迎角 α	升力 X	阻力 Y	升力系数 C_Y	阻力系数 C_X

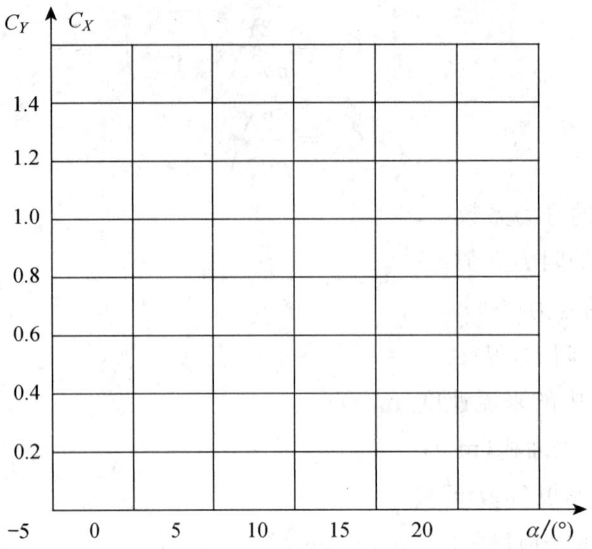

图 9　C_Y-α 与 C_X-α 曲线

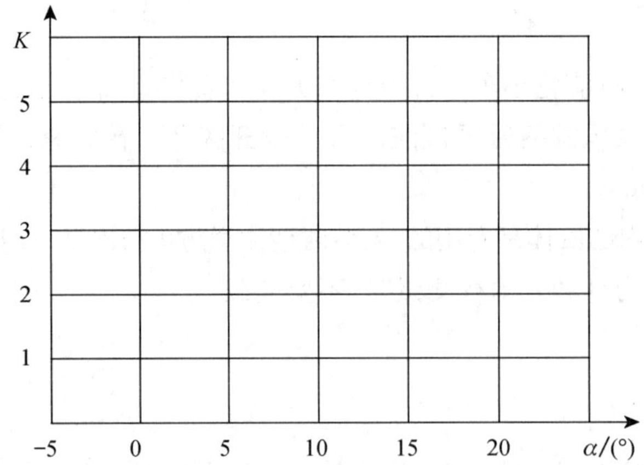

图 10　升阻比(K-α)曲线

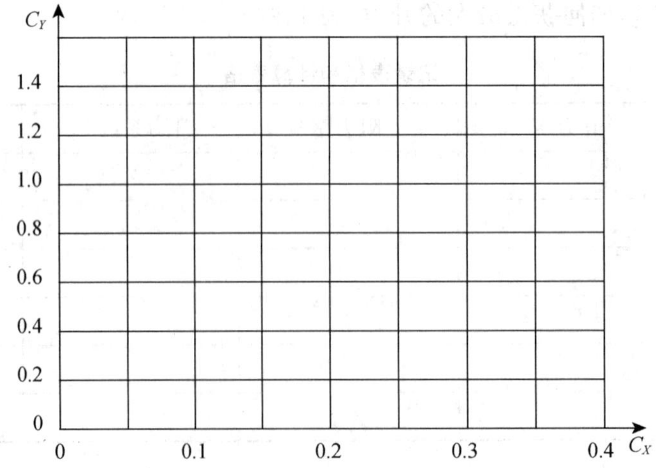

图 11　机翼的极曲线